Ein WAS IST WAS Buch

MAGNETISMUS

von MARTIN L. KEEN
Jilustriert von
George Zaffo

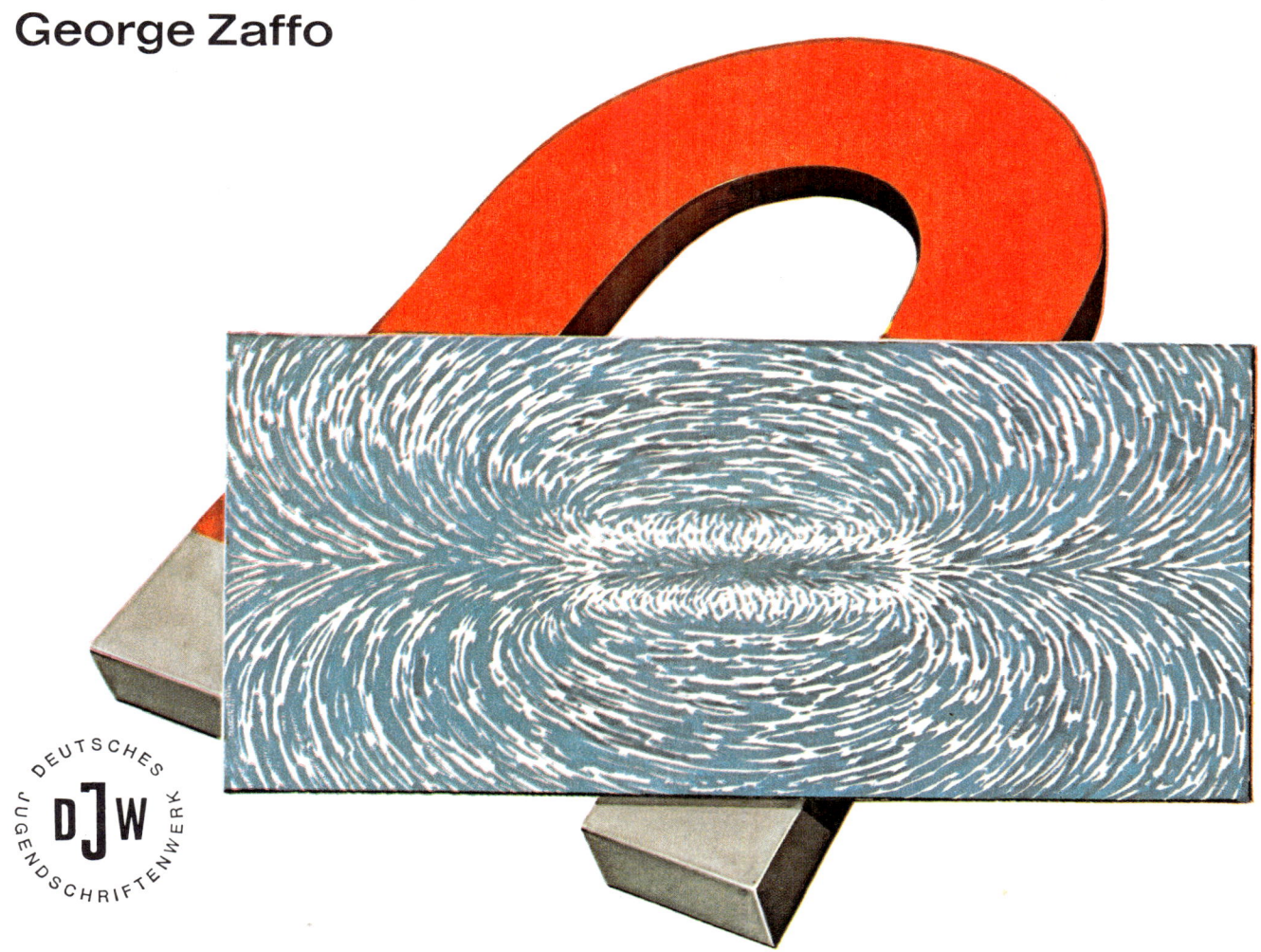

DEUTSCHES
DJW
JUGENDSCHRIFTENWERK

Deutsche Ausgabe von Käte und Heinrich Hart
Wissenschaftliche Überwachung durch
Dr. Paul E. Blackwood

NEUER TESSLOFF VERLAG · HAMBURG

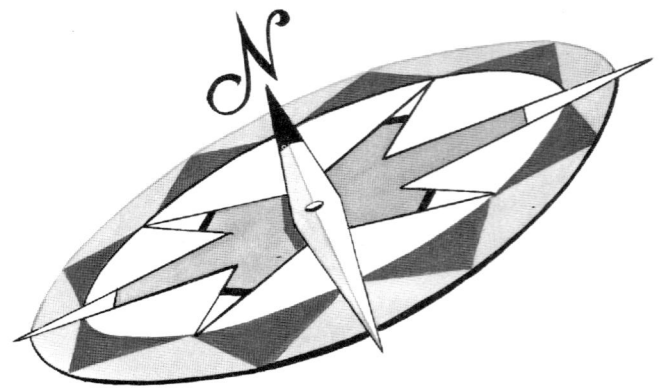

Vorwort

Der Magnetismus ist eine geheimnisvolle Kraft. Wir sehen ihn nicht, hören und fühlen ihn nicht; unsere Sinne nehmen ihn nicht wahr. Und doch ist er vorhanden; in unserer Lebenswirklichkeit tut er fast wahre Wunder.

Die Menschen kannten den Magnetismus schon in alter Zeit. Er ist eine Erscheinung der Natur; unsere Erde selbst strahlt ihn aus. Immer hat er die Menschen interessiert, ihre Neugier, ihren Forschungsdrang erregt. Eine kleine, unbeirrbare Nadel in einem primitiven Kompaß wies den Europäern zuerst den Weg über unbekannte Weltmeere!

Große Männer der Wissenschaft und der Technik haben in den vergangenen Jahrhunderten die Gesetze des Magnetismus erforscht und seine Kräfte in den Dienst der Menschen gestellt.

In unseren Wohnungen, auf unseren Straßen, in den Fabriken, auf den Äckern, in den Schächten der Berge, in und auf den Meeren, in der Luft und im Weltraumbereich der Satelliten arbeitet jetzt diese große Naturkraft in feinsten, präzisesten Apparaturen der Wissenschaftler, in mächtigen und stärksten Maschinen der Technik, von Menschen gesteuert und eingesetzt in allen Bereichen unseres Lebens.

Dies WAS IST WAS-Buch über „Magnete und Magnetismus" beschreibt in klaren, verständlichen Worten, unterstützt durch viele Bilder, die Grundtatsachen des Magnetismus und seine Anwendung. Und es regt junge und ältere Leser dazu an, seine Gesetze und seine Wirkungen in selbstgebauten kleinen Apparaten, in einfachen, aber aufschlußreichen Versuchen und Versuchsreihen zu erforschen und zu erproben.

Der Leser gewinnt mit diesem Buch grundlegende Einsichten in die Wirkungsweise jener interessanten Apparaturen und Maschinen, die unserer modernen Technik und Wirtschaft, unserem heutigen Leben überhaupt ihr Gepräge geben.

Inhalt

Magnetismus

Auf einem Schrottplatz läßt ein Kran eine dicke Metallplatte auf einen Haufen Schrott nieder; wieder hochgezogen, hängen an der Platte die zerbeulte Karosserie eines Autos und etliche größere Eisenstücke, obgleich weder Ketten noch Taue diese Dinge festhalten. — In der Küche bleibt die Tür des Kühlschranks dicht geschlossen, obwohl sie kein Schloß hat. — Am Hauseingang drücken wir einen Knopf; oben, im 10. Stock, ertönt in einer Wohnung eine elektrische Klingel. Ein Summer ertönt; das Schloß an der Haustür ist entriegelt; wir treten ein.

Beim Kran, am Kühlschrank und an der Haustür, überall ist der Magnetismus am Werk.

Der Kran, der auf einem Schrottplatz einen alten Pkw mit Leichtigkeit aufhebt, das Telefon, die Türglocke, der Fernsehapparat und auch das wunderbare, farbige Licht am Nord- oder Südhimmel, das Polarlicht, alle diese Erscheinungen sind auf die eine oder die andere Weise im Magnetismus begründet.

Unser Telefon klingelt, und ein Freund spricht aus der Ferne mit uns und kündigt sein Kommen an. Nachher klingelt die Hausglocke, und unser Freund ist da. Wir sehen uns das aufregende Fußballspiel auf dem Fernsehschirm an. — Das Telefon, die Hausglocke und der Fernsehapparat könnten nicht funktionieren, wenn es keinen Magnetismus und keine Magnete gäbe.

Eine ganz andere Erscheinung bewirkt der Magnetismus in den Polargebieten der Erde. In vielen Farben glühend, erscheinen dort manchmal am nächtlichen Himmel riesige Lichtvorhänge, die hin- und herwallen, wie von Geisterhand be-

wegt. Im Norden wird es Nordlicht (wissenschaftlich: aurora borealis), im Süden Südlicht (aurora australis) genannt.

Magnetische Kräfte werden für uns immer bedeutsamer. Die Wissenschaftler haben festgestellt, daß der Magnetismus überall eine Rolle spielt, sei es bei den äußerst kleinen Atomen, sei es in der Sternenwelt des Universums. Wir wollen diese Erscheinung, die wir Magnetismus nennen, näher beschreiben und einige Versuche anstellen, die uns helfen, das Gelesene besser zu verstehen.

Nach einer alten griechischen Sage ist das Wort „Magnetismus" aus dem Namen eines griechischen Hirten entstanden: Magnes, der Hirt, setzte die eiserne Spitze seines Hirtenstabes auf einen „magnetischen Stein", und sie haftete daran fest.

Die Natur des Magnetismus

Ein Magnet ist ein Metallstück mit bestimmten, einzigartigen Eigenschaften. Ein Magnet kann Eisenstücke anziehen und festhalten.

Was sind Magnete und was ist Magnetismus?

Man kann einen kleinen Magneten in die Hand nehmen und damit Nägel, Schrauben, Büroklammern und andere kleine Gegenstände aus Eisen oder Stahl anziehen und festhalten. Ein Magnet kann einen anderen Magneten anziehen oder abstoßen. Besonders merkwürdig erscheint uns, daß ein Magnet auch Dinge anzieht oder abstößt, ohne sie zu berühren.

Von Gegenständen, die wie Magnete wirken, sagen wir, sie seien magnetisiert. Das unsichtbare Etwas, das dem Magneten die Fähigkeit des Anziehens oder Abstoßens gibt, wird Magnetismus genannt. Magnetismus ist unsichtbar, unhörbar, geschmack- und geruchlos, nicht direkt fühlbar und hat kein Gewicht. Weil der Magnetismus mit unseren Sinnen nicht wahrzunehmen ist, können wir ihn nur an seinen Wirkungen erkennen.

Die beiden Formen des Magneten, mit denen wir arbeiten wollen, sind der Stabmagnet (ein kurzes, gerades Metallstück) und der Hufeisenmagnet (ein

Stabmagnet

Hufeisenmagnet

zu einem U gebogener Stabmagnet). Magnete kann man in Werkzeug-, Hobby- und Eisenwarenläden kaufen.

Eine griechische Legende erzählt: Ein Hirte namens Magnes hütete seine Schafe am Berge Ida. Einmal setzte er seinen Stab auf einen großen Stein.

Da wurde die Eisenspitze des Stabes so stark von diesem Stein angezogen, daß Magnes den Stab kaum wieder losreißen konnte. Von diesem Hirten soll der Magnetismus seinen Namen bekommen haben. Der Wahrheit näher kommt wohl die Erklärung, daß der Magnet seinen Namen nach der Stadt Magnesia in Kleinasien bekam, in deren Umgebung viel magnetisches Eisenerz gefunden wurde. Magnetisches Eisenerz heißt Magnetit.

Die Griechen und Römer wußten bereits, daß Magnetitstücke kleine Eisenteile anziehen, selbst durch Bronze und Holz hindurch oder unter Wasser. Manch seltsamer Glaube rankte sich um dies merkwürdige Material Magnetit. Die Menschen glaubten damals, ein Schmuckstück aus magnetischem Metall könne die Liebe einer anderen Person auf den Träger ziehen, und ein Stück Magnetit, auf den Kopf gelegt, verleihe die Fähigkeit, die Stimme der Götter zu vernehmen. Magnetischem Material sprach man Heilkraft zu bei Rheumatismus, Krämpfen und Gicht. Pulverisierter Magnetit, mit Öl gemischt, sollte Haarausfall verhindern oder heilen.

Stücke von magnetischem Eisen wurden in Europa bis ins Mittelalter nur als Amulette oder als interessantes Spielzeug betrachtet. Dann entdeckte jemand, daß ein Stück Magnetit, an einem Faden aufgehängt, sich stets in Nord-Süd-Richtung einstellt.

Seeleute machten sich diese Eigenschaft bald zunutze. Wenn das eine Ende eines aufgehängten Magnetitstückes stets nach Norden zeigt, dann konnte man doch mit solchem Magnetiten an Bord den rechten Kurs steuern, selbst wenn Sonne, Mond und Sterne nicht zu sehen waren.

Ein aufgehängtes Magnetitstück war der erste Kompaß. Aber so ein hängendes Stück Magnetit konnte auf die Dauer als Kompaß nicht genügen. Bald erfanden die Seeleute einen, der genauer funktionierte. Sie magnetisierten eine Nadel (durch Bestreichen mit einem Magnetiten) und stachen sie durch ein Kork- oder Schilfstück, damit sie schwamm, wenn sie in eine Schüssel mit Wasser gelegt wurde. Das eine Ende der Nadel zeigte stets nach Norden. Das war die erste richtige Kompaßnadel. Man weiß allerdings nicht, ob sie wirklich von Europäern erfunden worden ist. Gewiß ist, daß die Chinesen schon lange vorher einen Kompaß kannten. (In China waren bereits viele bedeutende Erfindungen gemacht worden, als in Europa noch das Mittelalter herrschte.) Nach einer alten chinesischen Sage besaß schon vor 5000 Jahren ein Kaiser namens Hoang-ti einen Streitwagen, auf dem vorn eine drehbare Frauenfigur stand, deren ausgestreckter Arm stets nach Süden zeigte. In dieser Figur müßte sich also ein Magnet oder magnetisches Material befunden haben.

Eines Tages entdeckte jemand, daß ein längliches Magnetitstück, wenn es an einem Faden aufgehängt wird, sich stets auf Nord-Süd-Richtung einpendelt.

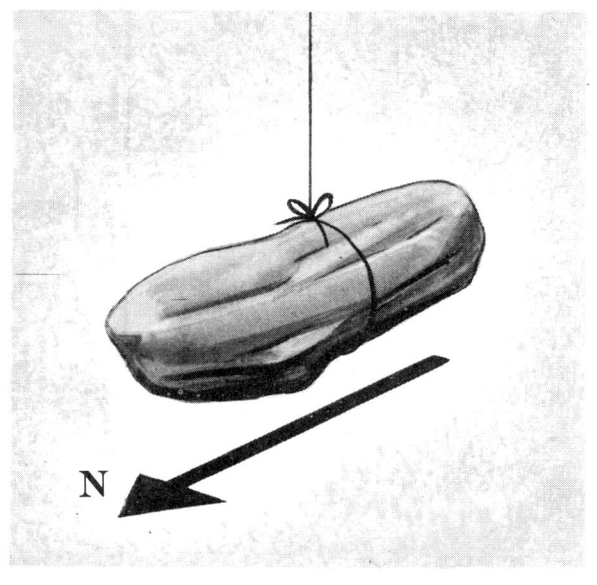

In alter Zeit fürchteten Seeleute den „Magnetberg", von dem eine Sage erzählte. Selbst
die seetüchtigsten Schiffe sollten unwiderstehlich
von ihm angezogen werden und scheitern.

Links ein einfacher Schiffskompaß:
Eine magnetisierte Nadel schwimmt auf einem
Korken im Wasser. Kolumbus gebrauchte einen
solchen Kompaß.

Das ist eine Legende, die man glauben mag oder nicht. Geschichtlich überliefert ist jedoch, daß die Chinesen im 2. Jahrhundert unserer Zeitrechnung den Kompaß kannten. Lange Zeit verwendeten sie schon ein Gerät mit einem Magnetit, um die Zukunft zu deuten. In der Mitte eines Brettes war ein größeres Stück Magnetit angebracht, das die Form eines Schöpflöffels hatte. Die Form hatte man vermutlich gewählt, um das Sternbild des Großen Bären, das zum Polarstern weist, nachzubilden. (Dies Sternbild wird bei anderen Völkern auch als „Schöpflöffel" bezeichnet.) Auf dem Rand des Brettes waren magische Zeichen eingeritzt. Der Wahrsager brachte den Schöpflöffel zum Kreisen, drehte vielleicht auch noch das

Brett, und wenn der Griff schließlich in Nord-Süd-Richtung zur Ruhe kam, deutete er aus den Zeichen, auf die er hinwies, ob die Zukunft Glück oder Unglück, Gesundheit oder Krankheit bringen würde.

Im 6. Jahrhundert haben die Chinesen dann die Entdeckung gemacht, daß man Eisen magnetisieren kann, wenn man es mit einem Magnetitstück bestreicht. Bevor die ersten richtigen Kompaßnadeln hergestellt wurden, mußte diese Erkenntnis vorausgehen, daß der Magnetismus auf anderes Material übertragen werden kann. Vielleicht hat im Mittelalter auch ein europäischer Gelehrter oder Seemann ganz selbständig diese Entdeckung gemacht; sicher ist aber, daß der Kompaß schon viel früher zu Lande und zur See von den Chinesen verwendet wurde.

Vielleicht hat jemand schon einmal von **Kompaßpflanzen** gehört und sich gefragt, ob denn auch in der Vegetation magnetisches Material enthalten sei. Kompaßpflanzen nennt man solche, die ihre Blattflächen hochkant in die Nord-Süd-Richtung stellen. Sie schützen sich durch diese Bewegung vor der Einstrahlung der heißen Mittagssonne, die ihre Blätter vertrocknen lassen würde.

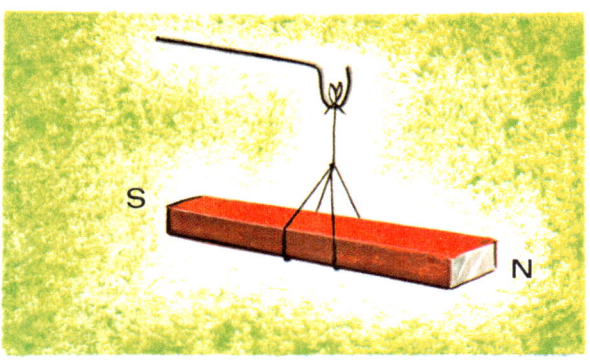

Der wilde Lattich ist eine der heimischen Kompaßpflanzen; in den Tropen gibt es natürlich mehr Arten als bei uns. Mit Magnetismus hat diese Erscheinung nichts zu tun.

Schon lange, bevor Magnetitsteine als Kompasse benutzt wurden, wußten die Menschen von dem seltsamen Metall.

Vielleicht enthält eine alte chinesische Legende die früheste Erwähnung eines Kompasses. In China herrschte vor 5000 Jahren, so erzählt die Legende, der Kaiser Hoang-ti. Eines Tages verfolgte er in seinem wunderbaren Streitwagen, den er hatte bauen lassen, einen aufsässigen Prinzen. Er verirrte sich in dichtem Nebel; aber er fand doch den rechten Weg wieder, weil vorn auf seinem Wagen die drehbare Figur einer Frau stand, deren ausgestreckter Arm immer nach Süden zeigte, in welche Richtung der Wagen auch fuhr. — Wenn es wahr ist, was die Legende berichtet, dann muß sich in der Figur ein Magnet befunden haben. (In der westlichen Welt sagen wir, die Magnetnadel zeigt nach Norden; die Chinesen sagen, daß sie nach Süden zeigt.)

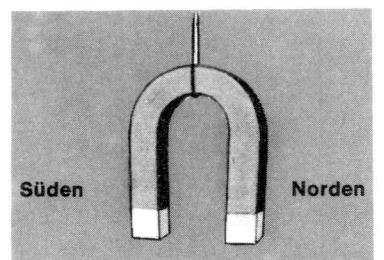

Eine Seite eines hängenden Hufeisenmagneten ist immer nach Norden gerichtet, die andere also nach Süden.

Süden   Norden

Eine alte Sage erzählte von einem großen Magnetberg, aber niemand wußte, wo er sich befand. Die Seeleute, die die Meere des Fernen Ostens befuhren, fürchteten ihn sehr. Sie glaubten, wenn ein Schiff zu nahe an den Magnetberg heransegelte, würde das Eisen im Schiff angezogen und ihr Schiff müßte unwiderstehlich auf die Felsklippen zufahren. Nahe am Magnetberg würden alle eisernen Bolzen und Nägel aus den Schiffsplanken herausgezogen werden, und das Schiff müßte auseinanderfallen. Sindbad der Seefahrer, einer der Helden der wunderbaren arabischen Märchensammlung aus „Tausendundeine Nacht", erlitt am Magnetberg Schiffbruch.

Wenn wir einen Stabmagneten mit einer Fadenschlinge waagerecht aufhängen, wie die Abbildung auf Seite 9 zeigt, werden wir feststellen, daß das eine Ende des Magneten nach Norden zeigt, wenn er aufgehört hat zu schwingen. Dies Ende ist der den Norden suchende Pol oder, nach dem Sprachgebrauch, der Nordpol des Magneten. Das andere Ende ist

Was sind Magnetpole?

dann der den Süden suchende Pol, der Südpol. Wir bezeichnen sie als N-Pol und S-Pol. Es ist gleich, in welche Richtung die Enden des Magneten weisen, wenn man ihn aufhängt, und wie oft man den Versuch auch wiederholt — immer wird ein Ende nach dem Ausschwingen nach Norden zeigen. Warum das so ist, wird noch erklärt.

Hängt man einen Hufeisenmagneten mit einer Fadenschlinge in der Mitte auf, kann man beobachten, daß nach dem Ausschwingen des Magneten eine seiner Seiten stets nach Norden zeigt. Nachdem wir wissen, daß ein Hufeisenmagnet ein gebogener Stabmagnet ist, verstehen wir, daß der N-Pol des Hufeisenmagneten sich an der Seite befinden muß, die nach Norden weist.

Jetzt wäre es gut, die N- und S-Pole der Magneten, mit denen wir experimentieren, zu kennzeichnen. Wir hängen jeden Magneten an einem Faden auf. Sobald wir wissen, welches Ende der N-Pol ist, bezeichnen wir ihn mit einem N, das andere Ende mit einem S.

Was ist das Gesetz der Magnetpole?

Wir hängen einen Magneten so auf, wie es eben beschrieben wurde. Dann nehmen wir einen anderen Magneten in die Hand und nähern seinen S-Pol langsam dem N-Pol des hängenden Magneten. Bald bemerken wir, daß sich das Ende des hängenden Magneten auf den Magneten in unserer Hand zube-

Versuche, die das Gesetz der magnetischen Kraft erkennbar machen.

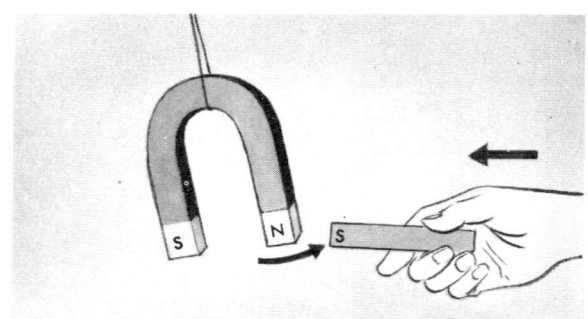

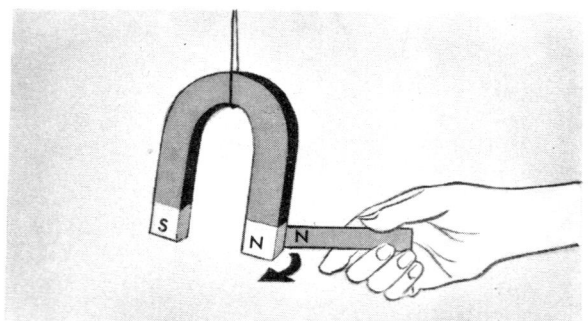

wegt. Drehen wir den Magneten in der Hand um und nähern seinen N-Pol dem N-Pol des aufgehängten Magneten, dann schwingt dieser von dem sich nähernden weg.

Jetzt wiederholen wir dasselbe, indem wir den N-Pol des Magneten in unserer Hand dem S-Pol des hängenden Magneten nähern. Darauf führen wir den S-Pol mit der Hand auf den S-Pol des hängenden Magneten zu. Jedesmal beobachten wir, ob der hängende Magnet dem sich nähernden Pol entgegen- oder von ihm wegschwingt.

Auf einem Blatt Papier zeichnen wir eine Tabelle und notieren in den entsprechenden Spalten, wie sich die Magnete bei den Versuchen verhalten haben. Wenn nötig, wiederholen wir das Experiment. Unsere Ergebnisse müßten so ausfallen, wie es die Tabelle unten auf Seite 11 zeigt. Was bedeuten die in der Tabelle vermerkten Ergebnisse? Sie zeigen, daß ungleiche Magnetpole sich anziehen und daß gleiche Magnetpole sich abstoßen. Das ist das Gesetz der Magnetpole.

Für den nächsten Versuch brauchen wir

Kann ein Magnet frei in der Luft schweben?

zwei kräftige Magnete. Wenn wir Stabmagnete benutzen, müssen wir uns dafür einen Führungsrahmen auf folgende Art bauen: Wir nehmen 6 dünne Holzstäbchen, wie sie etwa in Lollis vorhanden sind, oder auch Blei-

stifte, legen einen Stabmagneten auf die Mitte eines kleinen Pappkartons und zeichnen auf jeder Längsseite des Magneten zwei Stellen an und an den Schmalseiten je eine; hier werden die Holzstäbe durch Deckel und Boden des

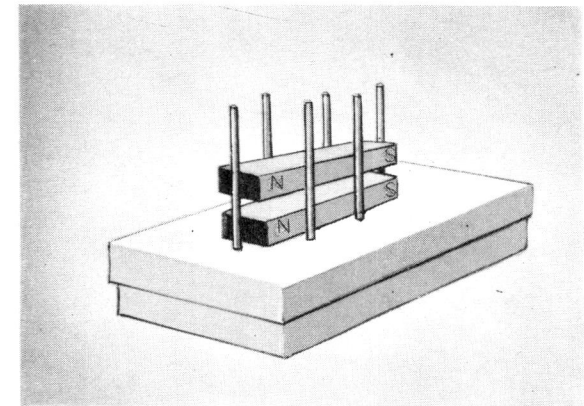

Magnete, die in der Luft schweben.

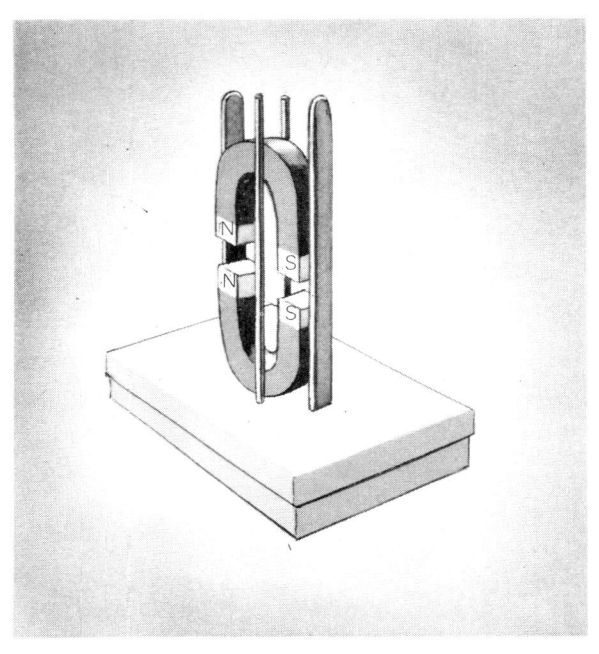

Pole von aufgehängten Magneten	Pole von Magneten, die sich nähern	Pole, die zueinander schwingen (sich anziehen)	Pole, die voneinander wegschwingen (sich abstoßen)
N	S	√	
N	N		√
S	N	√	
S	S		√

Kartons hindurchgesteckt. Dann legen wir den zweiten Stabmagneten über den ersten zwischen den Stäben. Wir achten darauf, daß der N-Pol des oberen Magneten über dem N-Pol des unteren liegt; dann liegt auch S-Pol über S-Pol.

Wenn unsere Magnete stark genug sind, wird der obere Magnet den unteren bei dieser Anordnung nicht berühren, sondern in der Luft schweben. Es sieht aus wie Zauberei. Aber wir wissen, wie das kommt. Gleiche magnetische Pole stoßen sich ab — so heißt das Gesetz der Magnetpole.

Wenn wir zwei Hufeisenmagnete nehmen, müssen wir den Führungsrahmen so bauen, wie es die zweite Abbildung auf Seite 11 zeigt.

Jeder, der zum erstenmal einen Magneten in die Hand nimmt, wird seine Anziehungskraft an allerlei Dingen erproben, an Münzen, Büroklammern, Papierschnipseln, an Salz oder Zucker, Messern und Gabeln, Dosen und Schachteln.

Was sind magnetische Stoffe?

Alle Gegenstände, die von einem Magneten angezogen werden, bestehen aus magnetischen Stoffen. Die wichtigsten magnetischen Stoffe sind die Metalle Eisen, Nickel und Kobalt. Von diesen ist das Eisen weitaus am stärksten magnetisch. Aber es gibt auch Mischungen von Metallen, Legierungen genannt, die noch viel stärker magnetisch sind als Eisen. Alnico ist der Name einer Legierung, die aus Aluminium, Nickel, Eisen, Kobalt und Kupfer besteht; sie ist viel stärker magnetisch als Eisen allein.

Je stärker magnetisch ein Material ist, um so stärkere Magnete können daraus hergestellt werden und um so stärker wird es von einem Magneten angezogen. Eine Legierung, die zu $^4/_5$ aus Platin und zu $^1/_5$ aus Kobalt besteht, gilt als am stärksten magnetisch.

Platin und Kobalt sind sehr kostbare Stoffe. Wer einen Magneten an den vielen Dingen seiner häuslichen Umgebung erprobt, wird sicherlich feststellen, daß alles, was dieser anzieht und festhält, vorwiegend aus Eisen oder Stahl besteht. (Stahl ist gehärtetes Eisen.)

Manchmal werden aus Warenautomaten Waren gestohlen, indem falsche Geldstücke in den Geldschlitz gesteckt werden. Um das zu verhindern,

Wie weist ein Warenautomat falsche Münzen zurück?

bauen die Hersteller der Automaten Vorrichtungen ein, die falsche Münzen ausscheiden. Ein solches Metallstück fällt dann einfach durch den Automaten hindurch in die Geldrückgabe, und es kommt keine Ware heraus. Solche Vorrichtungen funktionieren auf verschiedene Weise. Manche Automaten haben mehrere Falschmünzensperren. Meistens handelt es sich um drei Arten von Sperren — eine magnetische und zwei nichtmagnetische —, die in Automaten eingebaut werden.

Wenn eine Münze — ob echt oder falsch — in den Münzenschlitz gesteckt wird, rollt sie durch einen engen Tunnel oder Kanal abwärts. In diesem Tunnel ist ein Schlitz, etwas kleiner als die erforderliche Münze. Die richtige Münze rollt über den Schlitz hinweg; ist die Münze kleiner, so fällt sie hinein und gelangt in die Geldrückgabe. Weiter unten im Kanal befindet sich eine Feder an einem

Metallstück, die den Weg versperrt. Die Feder kann nicht durch eine Münze gelöst werden, die leichter ist als die geforderte. Eine Münze, die zu leicht ist, springt gegen die Sperre, fällt zurück und gelangt in die Geldrückgabe. Hat eine falsche Münze die ersten beiden Sperren passiert, gelangt sie nun an eine magnetische Sperre. Hier bildet der enge Kanal eine Verzweigung in Form eines umgekehrten V. Davor befindet sich ein Magnet. Kommt eine falsche Münze — aus Eisen oder Stahl —, wird sie durch den Magneten so weit angezogen, daß sie abgelenkt wird und in die Abzweigung fällt; dort wird sie zur Geldrückgabe geleitet. Die richtigen Münzen fallen weiter die richtige Bahn hinab und lösen die Warenausgabe aus.

Beim Erproben eines Magneten hat wahrscheinlich schon jeder bemerkt, daß nicht alle Geldstücke von ihm angezogen werden. Pfennigstücke, Fünfer und Groschen sind magnetisch, 2- und 50-Pfennig-Stücke, Markstücke und Zweimarkstücke sind es nicht. Wenn für einen Automaten 5- und 10-Pfennig-Stücke verwendet werden sollen, muß eine magnetische Sperre so eingebaut werden, daß sie die richtigen Münzen in die richtige Bahn zieht.

Um eine magnetische Falschmünzensperre zu bauen, brauchen wir einen starken Hufeisenmagneten, ein Stück Pappe von der Größe dieses Buches, einige Zwei- oder 50-Pfennig-Stücke und als „Falschgeld" einige Unterlegscheiben aus Eisen von etwa 2 cm Durchmesser. (Die Unterlegscheiben bekommt man in einem Eisenwarenladen.)

Auf beiden Seiten der Pappe wird eine Linie über die Mitte gezogen. Den Magneten befestigen wir in der Mitte der Pappe, etwa 15 mm von der Linie entfernt, mit Tesafilm. Dann wird die Pappe schräg gegen ein paar Bücher gestellt; der Magnet befindet sich unterhalb, wie es die Abbildung zeigt.

Die Geldstücke und die Unterlegscheiben werden nun eine nach der anderen oben auf die Linie gelegt. Wir lassen sie

Wie können wir uns eine magnetische Falschmünzensperre bauen?

WIE MAN EINE FALSCHMÜNZEN-SPERRE HERSTELLT.

Mittellinie

Vorderseite

Magnet

Rückseite

Vorderseite

Münzen

Unterlegscheiben

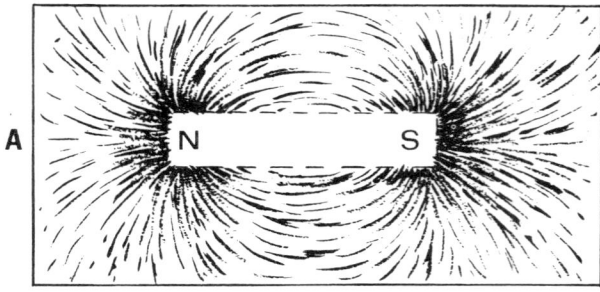

A

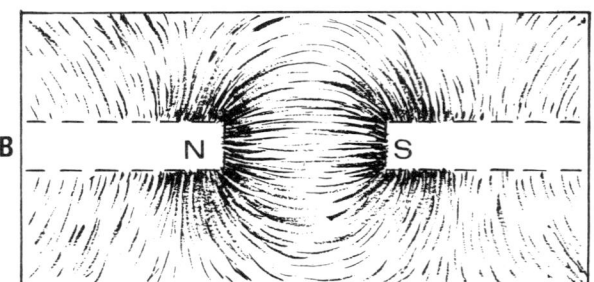

B

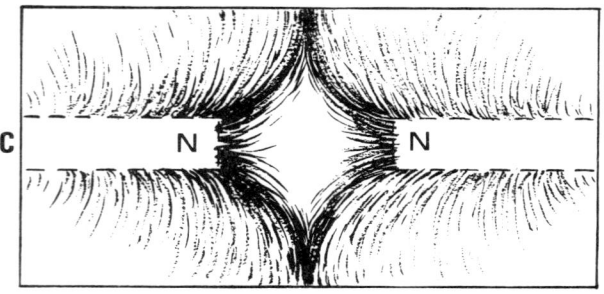

C

Magnetische Kraftlinien, hervorgerufen 1. von einem Stabmagneten (oben links); 2. von zwei Magneten, hier liegen sich zwei ungleichnamige Pole gegenüber (links); 3. von zwei Magneten, hier liegen sich gleichnamige Pole gegenüber (oben).

hinunterrutschen. Was nun passiert, hängt davon ab, wie stark der Magnet ist. Wenn er schwach ist, wird er die Unterlegscheiben beim Vorbeirutschen etwas zur Seite ziehen. Ist er mittelstark, zieht er sie weiter von der Mittellinie weg. Wenn er recht stark ist, wird er sie beim Herunterrutschen festhalten. Wie stark aber der Magnet auch sein mag, **echte** Münzen werden geradeswegs auf der Linie hinunterrutschen. So scheidet unsere magnetische Sperre die echten von den falschen Münzen.

Vielleicht wird sich mancher wundern, daß die 50-Pfennig-Stücke durch unsere magnetische Sperre nicht ausgeschieden werden, obwohl sie Nickel enthalten, ein magnetisches Metall also. Unsere 50-Pfennig-Münzen bestehen jedoch aus einer Legierung, einer Mischung von $^3/_4$ Kupfer und $^1/_4$ Nickel, die nur sehr schwach magnetisch ist.

Was sind magnetische Kraftlinien?

Den Magnetismus können wir nur an seinen Wirkungen erkennen. Wir wollen nun einmal das Kraftfeld eines Magneten sichtbar werden lassen. Dazu brauchen wir außer einem Magneten einen Teelöffel voll Eisenfeilspäne oder Eisenpulver und ein Stück Pappe oder besser noch eine dünne Glasplatte.

Die geringe Menge an Eisenfeilspäne oder Eisenpulver besorgen wir uns aus einer Schlosserei. Vielleicht kennen wir auch jemanden, der eine Schleifmaschine besitzt; wenn wir ihn darum bitten, wird er uns ohne große Mühe von einem Stück Eisen das nötige Eisenpulver abschleifen. Wir können es aber auch selbst herstellen: Einen großen eisernen Nagel oder ein anderes Stück Eisen spannen wir in einen Schraubstock. (Wer keinen Schraubstock zur Verfügung hat, kann das Eisenstück fest gegen eine harte Unterlage pressen.) Ein großes Stück Papier wird daruntergelegt. Mit einer Eisenfeile — nicht etwa mit einer Holzraspel! — feilen wir nun geduldig die benötigte Menge an Feilspäne zusammen.

Jetzt legen wir unseren Magneten auf einen Tisch und decken die Pappe oder die Glasscheibe darüber. Das Eisenpulver wird gleichmäßig — am besten mit einem Sieb — auf die Scheibe gestreut. Dann klopfen wir mehrmals mit einer Bleistiftspitze leicht an die Unterlage.

Um einen Stabmagneten werden sich nun die Eisenteilchen so anordnen, wie es die Abbildung A auf Seite 14 zeigt. Bei einem Hufeisenmagneten sieht die

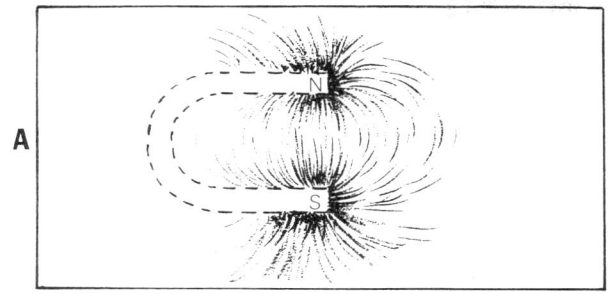

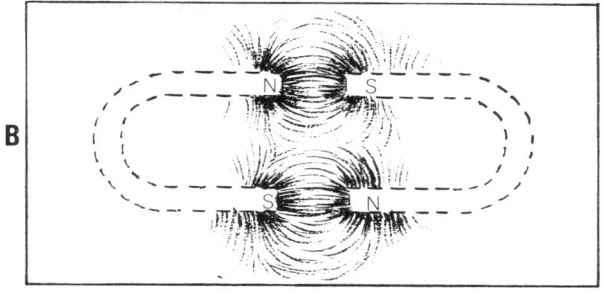

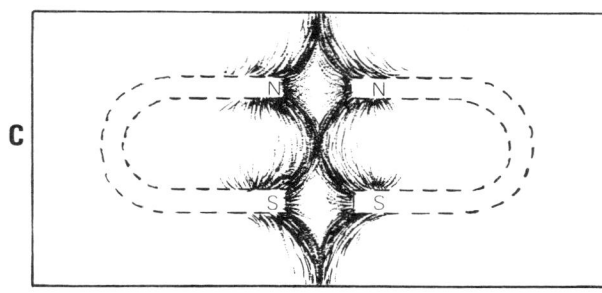

Magnetische Kraftlinien, hervorgerufen von
1. einem Hufeisenmagneten (oben); 2. von zwei
Hufeisenmagneten, hier liegen sich ungleich-
namige Pole gegenüber (oben rechts); 3. von zwei
Hufeisenmagneten, hier liegen sich gleichnamige
Pole gegenüber (rechts).

Anordnung der Eisenteilchen wie in Abbildung A auf Seite 15 aus. Linien aus Eisenteilchen entstehen strahlenförmig um beide Pole des Magneten. Die Wissenschaftler sagen, daß die Eisenteilchen sich auf den Linien der magnetischen Kraft angeordnet haben. Niemand weiß genau, was magnetische Kraftlinien sind; sie sind aber stets um den Magneten herum vorhanden. Sie sind sonst für uns unsichtbar; aber die Eisenteilchen machen uns in ihrer Anordnung um die Magnetpole die magnetischen Kraftlinien sichtbar.

Nun machen wir einen zweiten Versuch mit zwei Stabmagneten. Wir legen sie so hin, daß ein N- und ein S-Pol sich in einer Entfernung von 1 bis 2 cm gegenüberliegen. Die magnetischen Kraftlinien ordnen die Eisenspäne jetzt so ein, wie es Abbildung B auf Seite 14 zeigt. Bei zwei Hufeisenmagneten sieht es aus wie in Abbildung B auf Seite 15.

Zu einem dritten Versuch legen wir zwei gleiche Pole einander gegenüber. Haben wir Stabmagnete verwendet, zeigen die Eisenspäne solche magnetischen Kraftlinien, wie sie Abbildung C auf Seite 14 darstellt. Abbildung C auf Seite 15 zeigt die Kraftlinien, wie sie sichtbar werden, wenn wir Hufeisenmagnete nehmen.

Bei allen drei Versuchen können wir beobachten, daß die Eisenteilchen sich am stärksten an den Polen der Magnete sammeln. Jeder Pol macht etwa $1/12$ der Länge eines Magneten aus.

An den Magnetpolen sind die Kraftlinien offensichtlich am stärksten. Die magnetische Kraft nimmt mit dem Quadrat der Entfernung rasch ab: Wird die Entfernung zweimal, dreimal, viermal größer, so wird die Kraft viermal, neunmal, sechzehnmal schwächer.

Wir sagen, daß sich die Eisenspäne in unseren Versuchen auf magnetischen Kraftlinien anordnen. Wenn ein Gegenstand bewegt wird oder wenn er gebogen, gestreckt oder zusammengedrückt wird, spricht man von einer wirkenden Kraft. Nun haben wir gesehen, daß ein Magnet Gegenstände bewegen kann, ohne sie zu berühren.

Was wird als magnetisches Feld bezeichnet?

Eine Büroklammer springt heran und bleibt haften, ohne daß — außer dem Magneten — etwas zu sehen ist, was sie dorthin bewegt und was sie festhält. Ein Magnet kann eine Stahlfeder biegen, strecken oder zusammendrücken. Wir müssen daraus schließen, daß diese Wirkungen durch eine tätige Kraft ver-

Dies Experiment zeigt, daß Magnetismus durch nichtmagnetisches Material hindurchgeht, daß aber magnetisches Material die magnetischen Kraftlinien sammelt und daß es, wenn überhaupt, nur wenig magnetische Kraft hindurchgehen läßt.

ursacht werden und daß diese besondere Kraft der Magnetismus ist.

Der Bereich, in dem magnetische Kraftlinien wirken, heißt das **magnetische Feld.**

Kann der Magnetismus Stoffe durchdringen?

Für diesen Versuch müssen wir einen starken Magneten haben. Ist es ein Stabmagnet, so bauen wir einen Bücherstapel von etwa 25 cm Höhe und legen den Magneten so darauf, daß ein Pol über die Bücher hinausragt. Verwenden wir einen Hufeisenmagneten, so bauen wir zwei Bücherstapel von 30 cm Höhe in einem Abstand von etwa 25 cm voneinander auf, legen einen Stab darüber und hängen den Hufeisenmagneten daran, so daß die Pole abwärts zeigen.

An eine Büroklammer binden wir einen etwa 30 cm langen Faden, den wir um eine Heftzwecke schlingen, die erst nur zur Hälfte in ein Stück Holz gedrückt wird. Die Büroklammer halten wir in 5 mm Entfernung unter den Magneten, ziehen den Faden stramm und drücken die Heftzwecke nun ganz ein. Wenn wir nun die Büroklammer loslassen, fällt sie nicht herunter; sie bleibt in der Luft und zeigt, vom Faden gehalten, auf den Magneten.

Jetzt schieben wir vorsichtig, ohne die Büroklammer zu berühren, verschiedene flache Dinge zwischen Büroklammer und Magneten: ein Blatt Papier, ein Stück Pappe, die Ecke einer Aluminiumschachtel, einen Plastikbeutel, eine Glasscheibe, ein Markstück oder 2-Pfennig, ein breites Gummiband. Die Büroklammer bleibt in der Luft schweben. Das bedeutet, daß der Magnetismus alle diese Stoffe durchdringen kann. Was haben diese Stoffe gemeinsam? Sie sind alle nichtmagnetisch.

Halten wir nun eine Messerklinge zwischen Büroklammer und Magneten. Die Büroklammer fällt herunter!

Nachdem wir sie wieder in ihre vorherige Lage gebracht haben, machen wir neue Versuche. Wir schneiden aus einer Konservendose den Deckel heraus und halten ihn dazwischen. Wieder fällt die Büroklammer herunter. Neuer Versuch mit einem dicken Nagel: Auch dann fällt sie herunter.

Warum bleibt die Büroklammer bei diesen drei letzten Versuchen nicht in der Luft? Offenbar, weil der Magnet diese Stoffe nicht durchdringen kann. Was haben sie gemeinsam? Sie bestehen aus Eisen oder Stahl, also aus magnetischem Material. (Konservendosen bestehen aus verzinntem Eisenblech.) Der Magnetismus dringt leicht in ein magnetisches Material ein, das die magnetischen Kraftlinien aufnimmt, so daß, wenn überhaupt, nur sehr wenig Magnetismus hindurchgeht. Stellen wir uns vor, Wasser sei Magnetismus und ein ausgebreitetes Taschentuch das nichtmagnetische Material. Gießen wir Wasser auf das Taschentuch, wird es schnell durchlaufen, gerade so wie der Magnetismus nichtmagnetische Stoffe durchdringt. Nehmen wir aber nun an, ein großer Schwamm sei magnetisches Material. Wenn wir Wasser auf den Schwamm gießen, wird es von ihm aufgesogen und es läuft nichts hindurch, gerade so wie der Magnetismus von einem magnetischen Stoff aufgesogen wird, der ihn nicht durchläßt.

Wir können das auf andere Weise noch einmal nachprüfen. Wir schneiden zwei Pappstreifen so zu, daß sie je 5 cm breit und 30 cm lang sind, und legen beide übereinander als Brücke über zwei Bücherstapel, die 10 cm voneinander entfernt sind. Die beiden Pappstreifen beschweren wir an den Enden mit weiteren Büchern und legen einen Magne-

ten auf die „Brücke". Halten wir nun einige Heftzwecken oder Büroklammern von unten gegen die Pappe, so werden sie durch den Magneten gehalten.

Jetzt stecken wir eine Messerklinge zwischen die beiden Pappen unter dem Magneten. Die Büroklammern fallen herab. Versuchen wir dasselbe mit dem Dosendeckel. Wieder fallen sie herab, weil das Eisen die magnetischen Kraftlinien absorbiert, das heißt, in sich aufnimmt.

Als wir unseren Hufeisenmagneten kauften, befand sich vermutlich ein Stück Metall daran, das die beiden Pole miteinander verband. Je zwei Enden unserer beiden Stabmagneten (jeweils ein N- und ein S-Pol) waren vielleicht mit einem Metallstück verbunden. Diese Metallstücke haben den Zweck, die Kraft der Magnete zu erhalten; sie bestehen aus sehr magnetischem Metall und absorbieren die magnetischen Kraftlinien.

Wir sollten deshalb diese kleinen Eisenteile nicht achtlos verlieren, sondern sie immer wieder benutzen, wenn wir unsere Magnete für längere Zeit fortlegen.

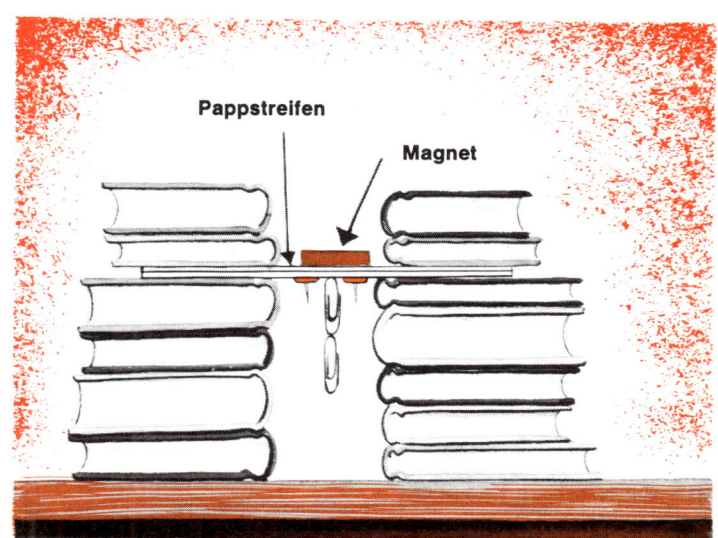

Ein anderer Versuch, der zeigt, daß der Magnetismus durch nichtmagnetische Stoffe hindurchgeht.

In Uhrengeschäften werden auch Uhren

Was ist eine antimagnetische Uhr?

angeboten, die als antimagnetisch bezeichnet werden. Das bedeutet, daß die beweglichen Teile der Uhr nicht durch Magnetismus beeinflußt werden. Manche Menschen, die an großen Elektromotoren oder anderen elektrischen oder elektronischen Maschinen arbeiten, brauchen antimagnetische

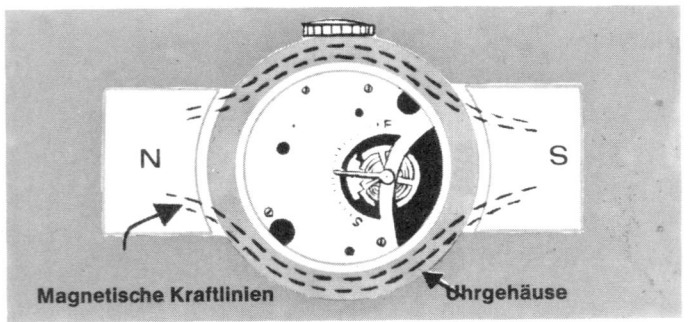

Magnetische Kraftlinien gelangen nicht an die Uhrfeder. Sie werden vom Gehäuse aufgenommen (absorbiert).

Magnetismus dringt vollkommen durch solche Uhren hindurch, ohne ihren Gang zu stören.

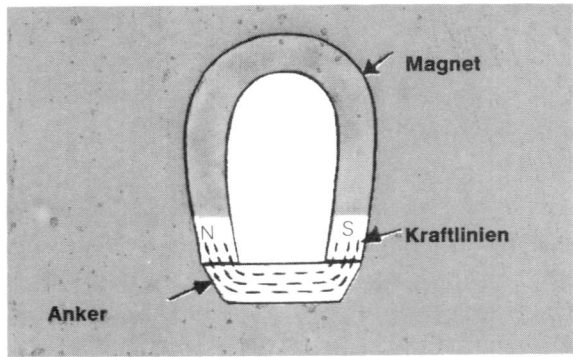

Der Anker sammelt die magnetischen Kraftlinien und bewahrt damit die Stärke des Magneten.

Taschen- oder Armbanduhren. Um solche Maschinen herum bestehen starke magnetische Felder, und die magnetischen Kraftlinien beeinflussen Teile der Uhren, so daß sie nicht genau gehen. Sind jedoch die beweglichen Teile der Uhr in ein Gehäuse eingebaut, das die magnetischen Kraftlinien vollkommen absorbiert, so können die Federn nicht beeinflußt werden. Solche Uhren sehen allerdings nicht so gut aus wie andere, weil dicke, große Uhrgehäuse dazu nötig sind.

Neuerdings ist eine Methode gefunden worden, auf eine andere Weise Uhren antimagnetisch zu machen. Eine nichtmagnetische Stahllegierung wurde entwickelt, aus der auch Teile von Uhren hergestellt werden können. Nun können alle Teile der Uhr aus nichtmagnetischem Metall angefertigt werden. Der

Was geschieht, wenn wir einen Stabmagneten in zwei Hälften zersägen?

Was ist der kleinste Magnet?

Hätten wir dann eine Hälfte mit einem N-Pol und die andere mit einem S-Pol? Ein Versuch würde bald zeigen, daß wir zwei vollständige Magnete bekommen haben, jeder mit einem N- und S-Pol. Diese Tatsache brachte vor etwa einem Jahrhundert den deutschen Wissenschaftler Wilhelm Weber auf die Vermutung, daß jedes Atom eines magnetischen Stoffes ein Magnet sei, mit eigenem N- und S-Pol. Bekanntlich bestehen sämtliche Stoffe aus kleinsten Teilchen, die Atome ge-

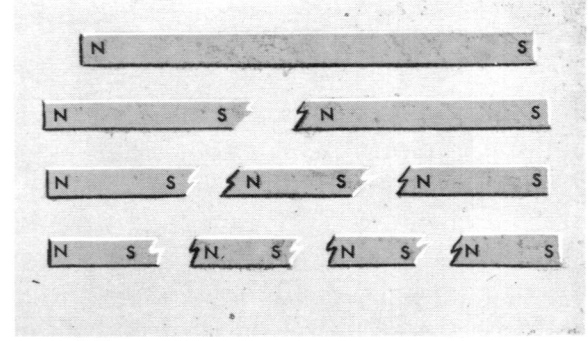

Wenn wir einen Magneten durchbrechen, erhalten wir kleinere Magnete, die alle ihre eigenen Nord- und Südpole haben.

nannt werden. Jedes Atom besitzt einen Atomkern, um den elektrisch geladene Teilchen, die Elektronen, kreisen.

Webers Vermutung war großartig und richtig. Die Physiker haben später festgestellt, daß sich die Elektronen beim Umkreisen des Atomkerns um ihre eigene Achse drehen und dabei ein magnetisches Feld erzeugen. Also ist ein Elektron der kleinste bekannte Magnet.

Ob Stoffe magnetisch oder nicht magnetisch sind, hängt

Warum sind einige Stoffe stärker magnetisch als andere?

davon ab, wie das Magnetfeld der Elektronen in ihren Atomen beschaffen ist. Magnetische Stoffe haben Atomgruppen, deren Magnetfelder mehr oder weniger dauerhaft gleichmäßig ausgerichtet sind. Man nennt solche Atomgruppen magnetische Bereiche. Wenn alle magnetischen Bereiche gleichmäßig ausgerichtet sind, dann ist das Material magnetisiert.

Nun wissen wir, daß nicht jedes Stück Eisen ein Magnet ist, obwohl Eisen zu den magnetischen Stoffen gehört. Wenn die magnetischen Bereiche ungeregelt sind, ist auch magnetisches Material nicht magnetisiert. Je mehr magnetische Bereiche ausgerichtet werden, desto mehr wird das Material

magnetisiert. Wenn alle N-Pole in eine Richtung und alle S-Pole in die entgegengesetzte zeigen, ist die Magnetisierung am stärksten.

Die Atome nichtmagnetischer Stoffe, wie Wasser, Holz und vieles andere, gruppieren sich nicht zu magnetischen Bereichen, weil die von ihren kreisenden Elektronen hervorgerufenen Magnetfelder sich gegenseitig aufheben. Sie lassen sich auch nicht magnetisieren, da sehr komplizierte elektromagnetische Vorgänge in den Atomen dem entgegenwirken.

Nachdem wir wissen, was einen Stoff magnetisch macht,

Wie können wir selbst einen Magneten herstellen?

suchen wir nach einem Weg, die magnetischen Bereiche eines magnetischen Stoffes gleichmäßig auszurichten, ihn also zu magnetisieren und damit einen Magneten aus ihm zu machen.

Wir nehmen mit einem Magneten eine Büroklammer auf und halten unten an die hängende Klammer eine zweite. Sie bleibt an der ersten hängen. Nun probieren wir, wie viele Büroklammern untereinander der Magnet als Kette halten kann. Es ist klar, daß jede Büroklammer in der Kette als Magnet wirkt, weil sie die nächste hält. Das bedeutet, daß in einer Büroklammer die magnetischen Bereiche schon dadurch ausge-

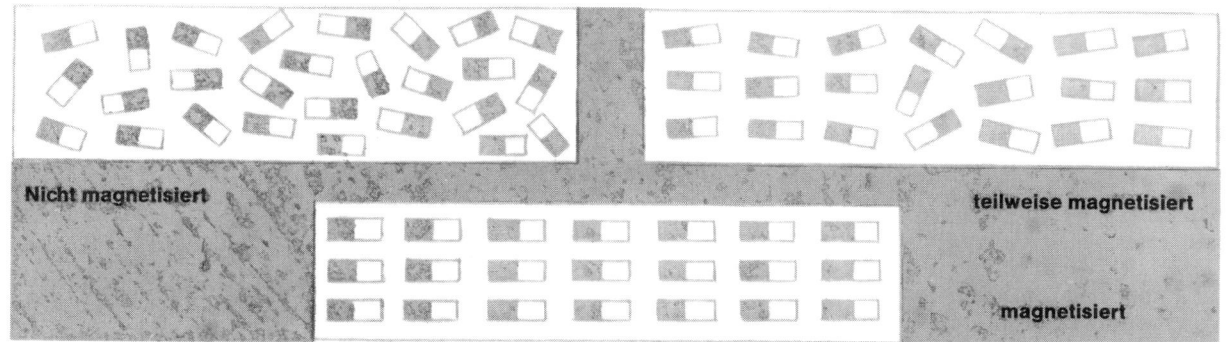

Nicht magnetisiert

teilweise magnetisiert

magnetisiert

Die Abbildung zeigt schematisch, d. h. sehr vereinfacht dargestellt, die Anordnung der Atome in einem nichtmagnetischen Eisenstab, in einem teilweise und in einem vollständig magnetisierten Eisenstab.

Jede Büroklammer wird vorübergehend magnetisiert. Diese Art des übertragenen Magnetismus heißt induzierter Magnetismus.

so setzen sich die feinen Eisenteilchen daran fest. Wir haben einen Magneten hergestellt! Als wir die Stange in Nord-Süd-Richtung hielten, haben wir sie nach dem größten Magneten ausgerichtet, den wir haben — nämlich nach der Erde selbst. Die Schläge gegen die Stange lockerten die Atome in ihren magnetischen Bereichen, so daß das magnetische Feld der Erde sie ausrichten konnte — die Nordpole der Atome in die eine, die Südpole in die andere Richtung.

richtet werden, daß die Klammer einen Magneten berührt. Jede so magnetisierte Büroklammer wirkt dann auf die nächste wieder als Magnet.

Magnetismus, der auf solche Weise von magnetisiertem auf nichtmagnetisiertes Material übertragen wird, heißt **induzierter** Magnetismus.

Eine Stahlstange von etwa 60 cm Länge und 1,5 cm Durchmesser kann man auf einfache Weise magnetisieren. Wir halten den Stab so, daß er in Nord-Süd-Richtung zeigt, also genau wie die Kompaßnadel. Nun schlagen wir mit einem Hammer etwa zwanzigmal kräftig gegen das Ende der Stange. Dann untersuchen wir, ob sie magnetisiert ist. Halten wir ein Stangenende an die Eisenfeilspäne,

Was ist ein Dauermagnet?

Wie beim vorigen Versuch hängen wir unter einen Magneten eine Büroklammer nach der anderen, so daß sie eine Kette bilden. Ziehen wir jetzt die oberste Büroklammer vom Magneten ab, fällt die Kette auseinander. Wir versuchen, eine Büroklammer mit einer anderen aufzunehmen — es geht nicht. Keine der Büroklammern ist noch magnetisiert.

Wir wollen versuchen, ob wir aus einer Büroklammer einen Magneten machen können. Dazu streichen wir mit einem Ende der Büroklammer — immer mit

Schlägt man die Stahlstange so mit dem Hammer, werden die Atome in ihren magnetischen Bereichen so weit gelockert, daß das Magnetfeld der Erde sie nach seinen Kraftlinien in Nord-Süd-Richtung ausrichtet.

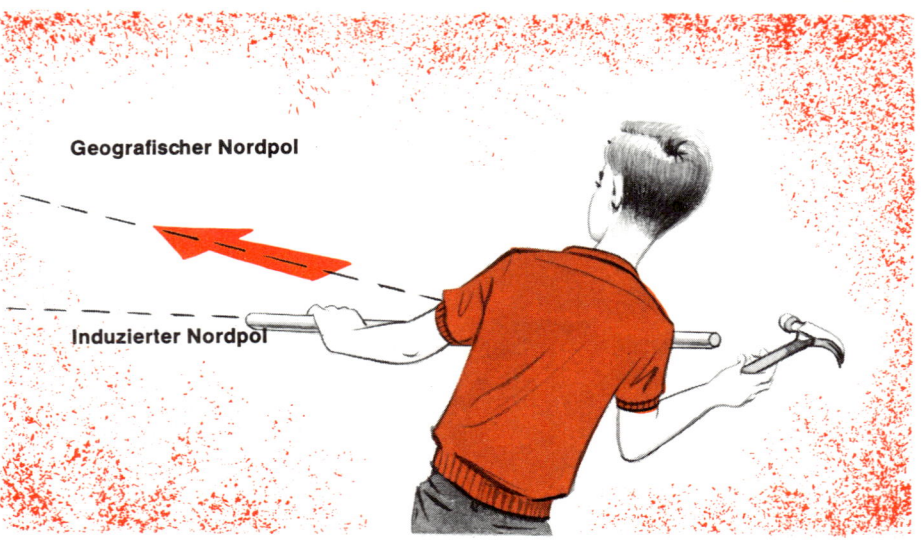

Geografischer Nordpol

Induzierter Nordpol

demselben — über einen Pol des Magneten. Wir dürfen nicht hin- und zurückstreichen, sondern nur in einer Richtung, und führen die Klammer jedesmal im Bogen auf die Mitte des Magneten zurück, wenn wir über den Pol hinweggestrichen sind. Wenn wir das zwanzigmal gemacht haben, versuchen wir, ob sie jetzt andere Büroklammern anzieht. Sie kann es nicht. Das bedeutet, daß sie den vom Magneten induzierten Magnetismus nicht behält. Nur eine ganz kleine Spur von Magnetismus bleibt zurück; ein wenig Eisenfeilspäne wird ein Weilchen von der Büroklammer gehalten. Man nennt dies bißchen Magnetismus in unserer Büroklammer **Restmagnetismus;** er wird immer schwächer und verschwindet in kurzer Zeit ganz.

Magnete, die ihren Magnetismus ganz oder fast ganz wieder verlieren, wenn sie sich nicht mehr in einem magnetischen Feld befinden, heißen temporäre (zeitweilige) Magnete. Die Atome solcher Stoffe, die nur temporäre Magnete werden können, sind in ihren magnetischen Bereichen leicht einzuregeln, selbst durch schwache magnetische Felder. Aber sie verlieren ebenso leicht ihre Ausrichtung, wenn sie aus dem magnetischen Feld herausgenommen werden.

Jetzt nehmen wir eine lange Nähnadel und streichen sie so über den Pol eines Magneten, wie wir es mit der Büroklammer getan haben. Immer nur in einer Richtung streichen! Wenn wir das etwa zwanzigmal gemacht haben, legen wir den Magneten beiseite und probieren, ob die Nadel Feilspäne aufnehmen kann. Es geht! Sie kann auch eine Büroklammer anheben! Obgleich die Nadel sich nicht mehr im Magnetfeld befindet, bleibt sie magnetisiert. Die Atome der magnetischen Bereiche in der Nadel bleiben ausgerichtet, nachdem sie aus dem Magnetfeld entfernt wurden. Und wenn wir die Nadel weglegen und sie morgen oder nach einer Woche oder einem Monat wieder prüfen, werden wir sehen, daß sie immer noch magnetisiert ist.

Magnete, die aus einem Material bestehen, das magnetisiert bleibt, nachdem es aus dem Magnetfeld entfernt wurde, heißen Dauer- oder Permanentmagnete.

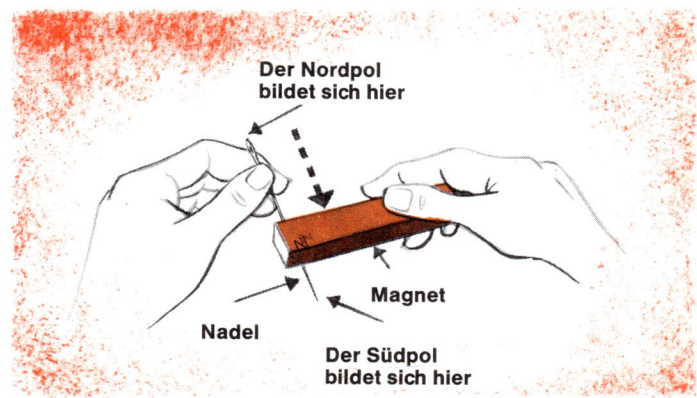

Will man aus einer Nähnadel einen Magneten machen, so muß man mit nur einem Pol eines Magneten in einer Richtung an ihr entlangstreichen.

Bemerkenswert ist, daß ein Magnet, mit dem andere Magnete hergestellt worden sind — ganz gleich, wie viele und ob temporäre oder Dauermagnete —, nichts von seinem Magnetismus verliert. Wir könnten Millionen Nadeln mit einem kleinen Magneten magnetisieren, er würde nachher genauso stark sein wie vorher.

Dauermagnete werden für viele Zwecke verwendet. Wenn in die Rolle am Ende eines Förderbandes für Eisenerz (das immer mit Steinen vermischt ist) ein starker Dauermagnet eingebaut wird, zieht er das Eisenerz an und trennt es so von den Steinen. Auf gleiche Weise werden Eisenteile aus Kohle ausgesondert (in diesem Fall ist jedoch das Eisen unerwünscht). Dauermagnete holen aus Mehl, aus Chemikalien oder sonstigen Stoffen Metallteilchen heraus, die nicht hineingehören. Große Dauermagnete werden von der Polizei benutzt, wenn

Waffen oder andere Gegenstände aus Eisen oder Stahl in Flüssen und Seen gesucht werden. Man kann einen kleinen Dauermagneten an einen Bindfaden hängen und damit kleine Dinge aus Metall, die in das Abflußrohr eines Waschbeckens gefallen sind, wieder herausholen.

Die Stahlstange, die wir durch Ham-

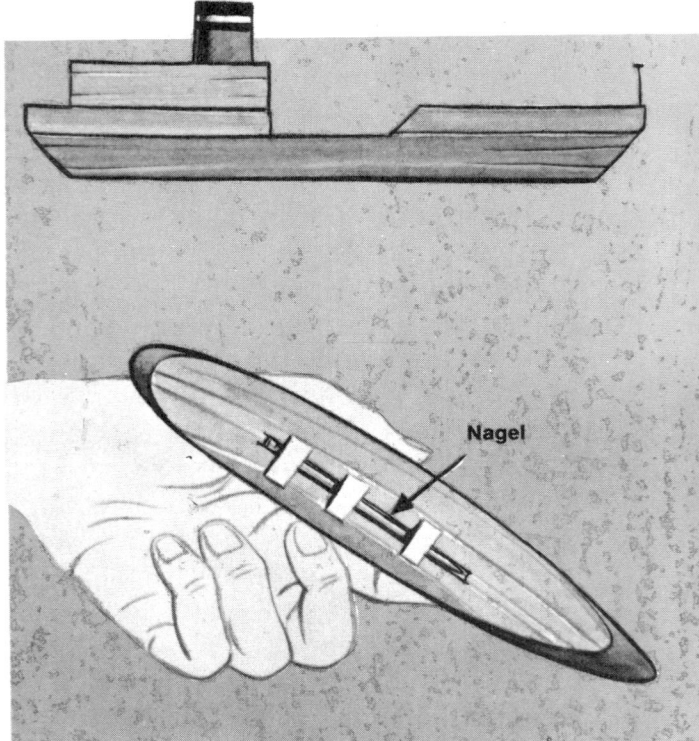

Nagel

Wie kann man einen Magneten entmagnetisieren?

merschläge magnetisiert haben, halten wir so, daß sie in Ost-West-Richtung zeigt, und schlagen nun wieder mit dem Hammer gegen das Ende der Stange. Nach etlichen kräftigen Schlägen hat sie ihren Magnetismus verloren. Die Atome der magnetischen Bereiche sind durcheinandergebracht worden. Sie haben ihre Ausrichtung verloren, so daß ihre N- und S-Pole sich gegenseitig aufheben.

Man kann einen Magneten auch dadurch entmagnetisieren, daß man ihn erhitzt. Fassen wir die magnetisierte Nähnadel mit einer Zange und halten sie in eine Flamme, bis sie rotglühend ist. Zum Abkühlen legen wir sie dann in Ost-West-Richtung. Nach ihrem Erkalten versuchen wir, mit der Nadel eine Büroklammer anzuheben. Es geht nicht — sie wirkt nicht mehr als Magnet.

Bei einer ganz bestimmten Temperatur verliert ein Magnet seinen Magnetismus. Diese Temperatur wird der Curie-Punkt genannt (nach seinem Entdecker Pierre Curie, einem französischen Wissenschaftler). Jedes magnetische Material hat seinen eigenen Curie-Punkt. Für Eisen liegt er bei etwa 800° C, für Nickel bei etwa 350° C.

Hitze kann einen Magneten entmagnetisieren.

Wenn wir sagen, ein entmagnetisiertes Material habe seinen Magnetismus verloren, so meinen wir damit nicht, daß der Magnetismus aus dem Material verschwunden oder daß er zerstört worden ist. Jedes Atom, jedes Elektron darin ist weiterhin ein Magnet, wie vorher, als das Material magnetisiert war. Aber die winzigen Magnete sind nicht mehr eingeregelt, die Wirkungen der magnetischen Bereiche im Material heben sich gegenseitig auf und können gemeinsam keinen Magneten bilden.

Ein Magnet wird also entmagnetisiert, wenn wir ihn in Ost-West-Richtung halten und darauf hämmern oder wenn wir ihn erhitzen. Wir dürfen deshalb unsere Magnete nicht fallen lassen und müssen sie vor Stößen und vor Hitze schützen.

Wir nehmen ein Spielzeugboot (oder

Wie baut man ein magnetisches Spielzeugboot?

schnitzen uns eines aus Holz). Von einem Eisennagel kneifen wir mit der Zange den Kopf ab. In den

Boden des Holzbootes schneiden wir in

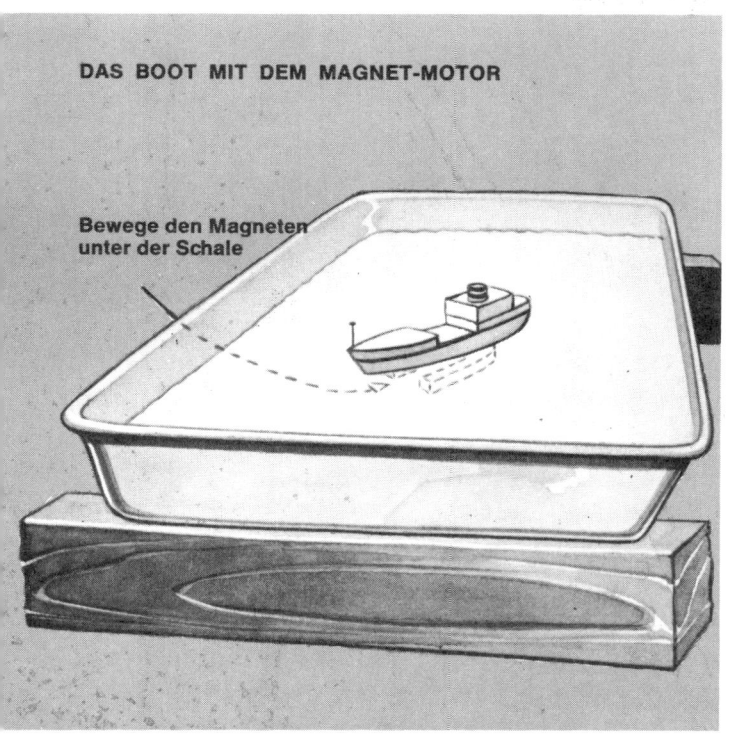

DAS BOOT MIT DEM MAGNET-MOTOR

Bewege den Magneten
unter der Schale

Längsrichtung einen Schlitz, in den der
Nagel hineinpaßt. Er wird mit Leuko-
plast oder einem wasserfesten Kleb-
stoff befestigt.

Eine flache Schale aus Aluminium oder
Kunststoff stellen wir so auf, daß eine
Hand darunter Platz hat (siehe Bild). Die
Schale muß groß genug sein, daß unser
Boot darin schwimmen kann, wenn sie
mit Wasser gefüllt ist. Jetzt bewegen
wir einen Magneten unter der Schale
hin und her. Das Boot wird dem Magneten folgen und dahin schwimmen, wohin
wir wollen. Anstelle eines Bootes können wir auch einen Spielzeugfisch nehmen oder einen aus Holz schnitzen. Der
magnetische Fisch wird immer dahin
schwimmen, wohin wir ihn mit dem Magneten führen.

Die Erde als Magnet

Die Erde ist ein riesiger Magnet. Sie besitzt ein magneti-

| Was ist Erd- |
| magnetismus? |

sches Feld, das so
beschaffen ist, als
ob ein mächtiger
Stabmagnet in
ihrer Mitte einge-
bettet sei. In Wirklichkeit gibt es aber
keinen Stabmagneten im Erdinnern. Die
Wissenschaftler vermuten, daß der Ur-
sprung des Erdmagnetismus haupt-
sächlich im Erdkern liegt. Der Erdkern
besteht wahrscheinlich aus Nickeleisen.
Er steht unter ungeheurem Druck und
hoher Temperatur. Der innere Kern, der
einen Durchmesser von etwa 2500 km
hat, ist vermutlich fest. Der äußere Kern,
der den inneren umgibt, wird auf
2200 km Dicke geschätzt; er liegt etwa
2900 km unter der Erdoberfläche. Der
äußere Kern ist wahrscheinlich zähflüs-
sig, etwa wie ein fester Kuchenteig.
Langsame Bewegungen des inneren
Kerns im äußeren und Bewegungen im
äußeren Kern selbst erzeugen — so vermuten die Wissenschaftler — das haupt-
sächliche Magnetfeld der Erde.

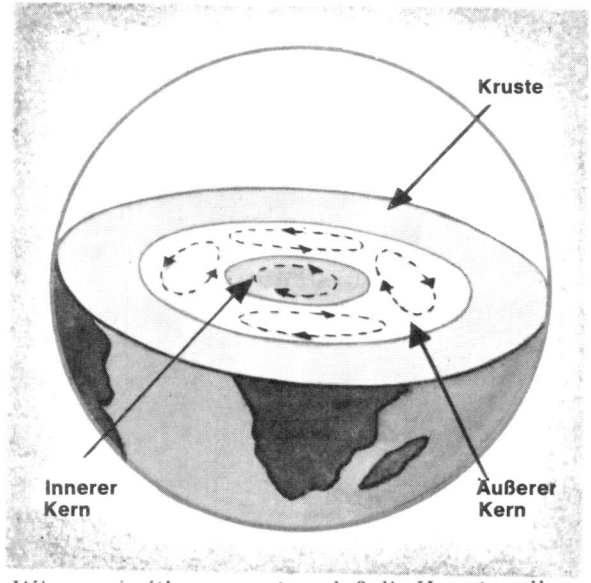

*Wissenschaftler vermuten, daß die Hauptquelle
des Erdmagnetismus in den Schichten des
Erdkerns zu suchen ist.*

Ein zweites, viel schwächeres Magnetfeld wird durch die Ionosphäre der Erde
erzeugt. Die Ionosphäre ist eine Zone
der Atmosphäre, 100 bis 160 km über
der Erdoberfläche. Sie besteht aus elektrisch geladenen Teilchen. In sturmarti-
gen Ausbrüchen erzeugen diese Teil-

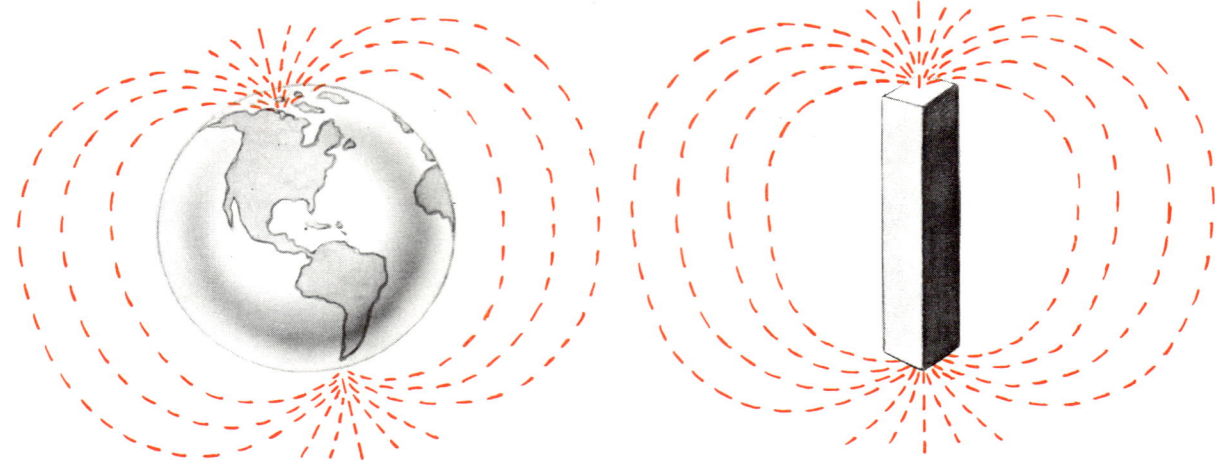

Die Erde besitzt ein magnetisches Kraftfeld, genau wie ein riesiger Stabmagnet.

chen durch ihre Bewegung ein magnetisches Feld.

Wissenschaftlich werden also zwei Magnetfelder der Erde unterschieden; aber für unsere praktische Anwendung können wir davon ausgehen, daß die Erde nur ein großes Magnetfeld besitzt. Der Magnetismus der Erde wird Geomagnetismus genannt. Geo- (aus dem Lateinischen) heißt Erde.

Es ist sehr wichtig, den Erdmagnetis-

| Ist der Erd-
magnetismus
dasselbe wie
die Schwer-
kraft? |

mus nicht mit der Schwerkraft zu verwechseln. Ein Flugkörper — sei es ein Ball, den wir in die Luft werfen, sei es ein Raumschiff, das die Erde umkreist, oder ein Düsenflugzeug — fällt auf die Erde zurück, wenn die Antriebskraft nicht mehr wirkt oder die Geschwindigkeit nachläßt. Wir sagen, er „fällt" und meinen damit, daß er durch die Schwerkraft zur Erde gezogen wird. Die Schwerkraft ist der Anziehungskraft eines Magneten sehr ähnlich. Man weiß über die eigentliche Ursache der Schwerkraft noch weniger als über die des Magnetismus; aber die Wissenschaftler haben bei diesen beiden Naturkräften einige Unterschiede erkannt. Ein Magnet zieht nur magnetische Stoffe an; die Schwerkraft übt

ihren Einfluß auf alle Stoffe aus, ganz gleich, aus welchem Material sie bestehen. Es wurde noch kein Gegenstand gefunden, der etwa „Schwerkraftpole" besäße, die mit den magnetischen Polen eines magnetisierten Gegenstandes zu vergleichen wären. Die magnetische Anziehungskraft der Erde ist gering im Vergleich zur Schwerkraft. Um einen Gegenstand aufzuheben, der halb so schwer ist wie wir selbst, müßten wir uns sehr anstrengen. Aber selbst wenn wir einen eisernen Gegenstand am Nord- oder Südpol aufheben würden (wo der Erdmagnetismus am stärksten ist), brauchten wir uns nicht **mehr** anzustrengen, weil die zusätzlich zur Schwerkraft wirkende magnetische Anziehungskraft der Erde für sein Gewicht kaum eine Rolle spielt. Ein kleiner Stahlmagnet hat ein magnetisches Feld, das etwa zehnmal so stark ist wie das magnetische Feld der Erde, und das eines Alnico-Magneten ist fast einhundertmal so stark.

Wir haben gelernt, daß der N-Pol eines

| Der N-Pol eines
Magneten ist in
Wirklichkeit
ein S-Pol |

Magneten der nach Norden weisende Pol ist. Warum zeigt aber ein Pol des Magneten immer nach Norden? Wie wir wissen, ziehen ungleiche Magnetpole sich an. Der nach Norden weisende Pol eines Magneten wird von einem riesigen Magneten, von der Erde selbst, nach Norden gezogen. Dann muß aber doch dieser nach Norden zeigende Pol unseres Magneten ein S-Pol sein, weil ja nur ungleiche Magnetpole einander anziehen! Tatsächlich, so ist es auch. Der **Süd**pol eines Magneten wird durch den magnetischen **Nord**pol der Erde **nord**wärts gezogen. Das bedeutet also: **In Wirklichkeit** ist der nach Norden weisende Pol eines Magneten ein **S-Pol.** Es hat sich aber im allgemeinen Sprachgebrauch eingebürgert, den nach Norden weisenden Pol eines Magneten als N-Pol zu bezeichnen. Wir wissen nun, daß diese Bezeichnung im Grunde nicht richtig ist. Aber es empfiehlt sich doch, daß wir uns diesem — wenn auch falschen — Sprachgebrauch anpassen, weil es sonst in der Verständigung mit anderen Menschen Verwirrung gibt.

Für den Südpol des Magneten gilt natürlich das gleiche. Er ist genau genommen der Nordpol des Magneten, der vom Südpol des Erdmagnetismus angezogen wird.

Was ist ein Kompaß?

Eine Kompaßnadel ist einfach ein schmaler Magnet, der in seiner Mitte so auf eine Spitze gesetzt ist, daß er sich leicht drehen läßt. Der magnetische Nordpol der Erde zieht das eine Ende der Kompaßnadel an, so daß es stets nach Norden zeigt. Weil ein Magnet wahrscheinlich zum erstenmal auf der nördlichen Halbkugel als Kompaß benutzt wurde, spricht man allgemein von der nach Norden weisenden Kompaßnadel. Mit gleicher Berechtigung könnte man den anderen, den S-Pol nennen und sagen, die Kompaßnadel zeige stets nach Süden. Wenn wir also genau sein wollen, müssen wir sagen: Die Kompaßnadel weist stets in Nord-Süd-Richtung.

Wie benutzt man einen Kompaß zum Wandern?

Ein Kompaß, wie man ihn auf Wanderungen benutzt, sieht einer Taschenuhr ähnlich. Sein Zifferblatt zeigt die vier geografischen Rich-

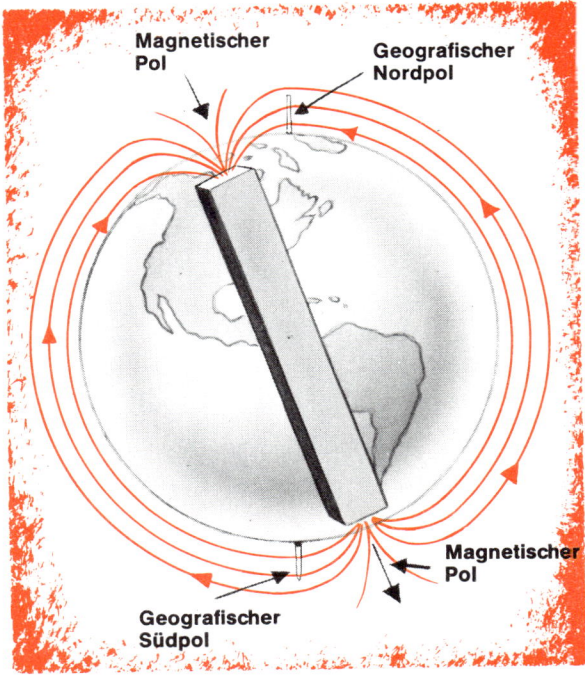

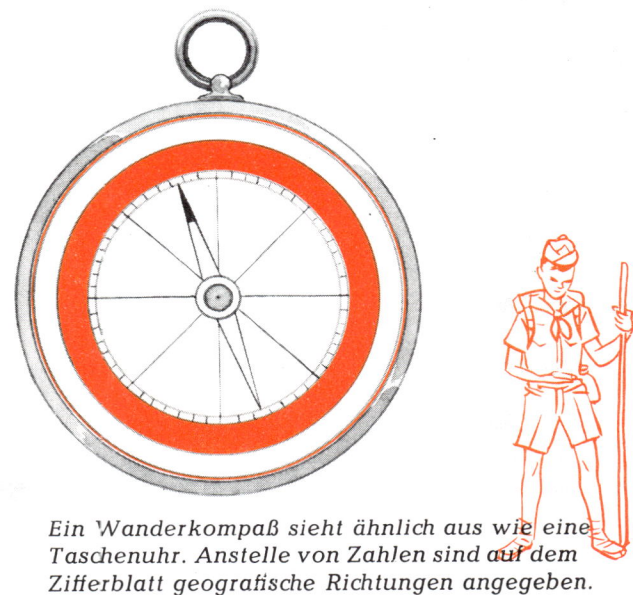

Ein Wanderkompaß sieht ähnlich aus wie eine Taschenuhr. Anstelle von Zahlen sind auf dem Zifferblatt geografische Richtungen angegeben.

Der nach Norden zeigende Pol eines Magneten ist in Wirklichkeit ein Südpol und der nach Süden zeigende ein Nordpol.

tungen Norden (N), Süden (S), Osten (O) und Westen (W). Diese vier Richtungen nennt man die Hauptpunkte des Kompasses. Meistens befinden sich zwischen den Hauptpunkten wenigstens noch vier andere Kompaßpunkte: Nordost (NO), Südost (SO), Südwest (SW) und Nordwest (NW). Die Kompaßnadel ruht im Mittelpunkt des Zifferblattes auf einer Spitze. Das Zifferblatt und die Nadel sind von einer Metallhülse umgeben, die mit einer Glasscheibe bedeckt ist, um den Kompaß vor Staub zu schützen.

Nehmen wir an, wir hätten uns an einem trüben Tag im Wald verirrt und wir könnten die Sonne nicht als Wegweiser benutzen. Menschen, die sich im Wald verirrt haben, laufen bekanntlich leicht im Kreise herum, während sie meinen, in gerader Richtung aus dem Wald hinauszustreben. In solcher Situation ist es gut, wenn wir einen Kompaß haben, damit wir wieder nach Hause finden können.

Angenommen, wir wüßten, daß sich westlich des Waldes eine Straße oder ein Fluß befindet; von dort könnten wir den sicheren Weg zu unserem Ziel finden. Wir legen unseren Kompaß auf einen flachen Stein oder auf einen Baumstumpf. Wenn die Kompaßnadel zur Ruhe gekommen ist, zeigt sie bekanntlich nach Norden. Wir müssen jetzt das Kompaßgehäuse vorsichtig, ohne die Nadel zu sehr ins Schwanken zu bringen, so drehen, daß das N des Zifferblattes genau unter der Nordspitze der Kompaßnadel liegt. Dann zeigt das N auf dem Zifferblatt nach Norden, und das W zeigt nach Westen, in die Richtung, die wir gesucht haben.

Wir nehmen nun den Kompaß auf und gehen in Richtung Westen. Von Zeit zu Zeit legen wir den Kompaß wieder auf einen waagerechten Platz und prüfen nach, ob unsere Marschrichtung noch stimmt. (Wir sollten gelegentlich auch darauf achten, ob sich die Kompaßnadel beim Gehen nicht verklemmt hat.) Solange wir der Richtung folgen, in die das

W des Zifferblattes zeigt, wandern wir nach Westen. So ist die Straße oder der Fluß nicht zu verfehlen, und wir gelangen an unser erstrebtes Ziel.

Auf Schiffen wird meistens der sogenannte Schwimmkompaß verwendet. Unter einer kreisförmigen Scheibe, die auf einer Flüssigkeit schwimmt, sind meistens mehrere Magnetnadeln befestigt. Auf der Scheibe — Kompaßrose genannt — sind 32 Kompaßpunkte und 360 Grade aufgezeichnet. Jeder Schiffsjunge muß die 32 Punkte der Kompaßrose in der richtigen Reihenfolge hersagen können, mit N beginnend und dann im Uhrzeigersinn um das Zifferblatt herum. Die Kompaßrose ist so an den Magneten befestigt, daß sich der N-Pol der Magneten direkt unter der N-Marke der Rose befindet. Da die Scheibe schwimmt, zeigt das N auf ihr immer nach Norden.

Auf dem Rand des Schiffskompasses befindet sich eine Markierung oder Kerbe, die genau auf die Bugspitze des Schiffes weist. Wenn der Steuermann das Schiff so steuert, daß das N der Kompaßrose genau auf diese Markierung zeigt, dann fährt das Schiff nach Norden. Soll es nach Nordwesten fahren, steuert er das Schiff so, daß das NW der Kompaßrose auf die Markierung weist.

Wie benutzt ein Seemann den Kompaß?

Was ist die magnetische Mißweisung?

Der Magnetpol der Erde liegt auf der nördlichen Halbkugel nicht genau am geografischen Nordpol, sondern auf 76° nördlicher Breite und 102° westlicher Länge. Dieser Punkt liegt im Norden Kanadas, etwa 1600 km vom geografischen Nordpol entfernt. Der magnetische Südpol liegt etwa 3700 km südlich von Melbourne in Australien.

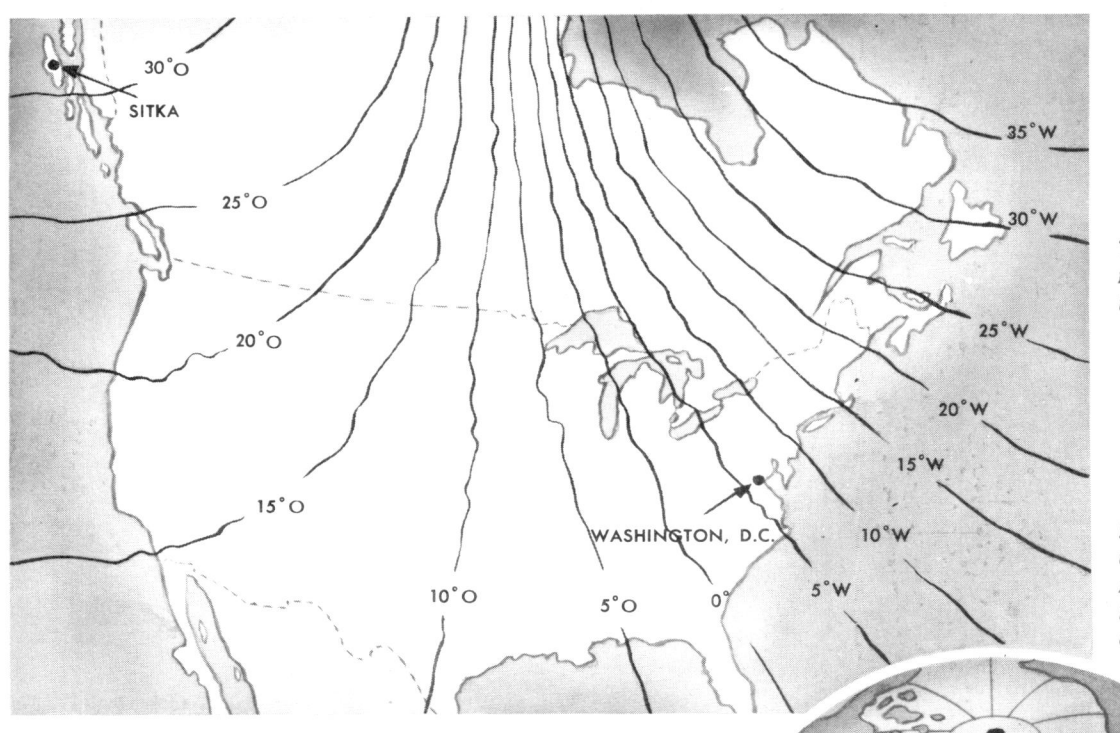

Typische Verteilung der magnetischen Deklination in Nordamerika.

Die geografischen Nord- und Südpole und die magnetischen Nord- und Südpole liegen nicht an der gleichen Stelle.

Schon bald, nachdem die Seeleute begonnen hatten, Kompasse zu benutzen, merkten sie, daß die Kompaßnadel nicht genau nach Norden zeigt. Wie wir wissen, liegt es daran, daß der magnetische und der geografische Nordpol nicht an der gleichen Stelle liegen. Für die Schiffe auf den weiten Meeren ist es aber sehr wichtig, daß die Seeleute den Kurs ganz genau bestimmen können. Sie mußten wissen, wie weit ihr Kompaß vom geografischen Nordpol abwich. Der Winkel zwischen geografischem und magnetischem Nordpol wurde gemessen; man nennt ihn den Winkel der magnetischen Mißweisung oder **Deklination.** Je nach Lage der einzelnen Orte ist die Mißweisung verschieden groß. In Deutschland beträgt der Deklinationswinkel zur Zeit etwa 3° W; er ist aber veränderlich.

Die magnetischen Pole der Erde verändern ständig ihre Lage. Sie wandern sehr langsam; aber die Wissenschaftler können ihre Bewegung leicht messen. Im Jahre 1955

| Liegen die Magnetpole der Erde fest? |

wurde die Lage des magnetischen Nordpols sehr genau bestimmt. Fünf Jahre später wiederholten die Wissenschaftler die Messungen, und es stellte sich heraus, daß der N-Pol sich in dieser Zeit 110 km nach Nordwesten bewegt hatte. In den vergangenen Jahrmillionen sind die Magnetpole der Erde weit gewandert. Der magnetische Nordpol hat schon in Korea, aber auch schon in der Mitte des Atlantischen Ozeans und wahrscheinlich sogar in Afrika gelegen. Ein ganz neuer Wissenschaftszweig befaßt sich in jüngster Zeit mit dieser als **Paläomagnetik** bezeichneten Forschungsrichtung.

Physikalische Untersuchungen an vulkanischem Gestein führten im Jahre 1967 zu der Erkenntnis, daß das Magnetfeld der Erde in der Vergangenheit mehrfach „umgepolt" gewesen sein muß. N- und S-Pol hatten sozusagen ihre Plätze vertauscht. Die Wissenschaftler halten es für möglich, daß sich solche Umpolungen auch in Zukunft wiederholen werden. Dabei wird die Erde während einer Übergangszeit wahrscheinlich überhaupt kein Magnetfeld besitzen. Für die Menschen, die dann auf der Erde leben werden, soll das jedoch keine Gefährdung bedeuten.

Wie gewinnen die Forscher ihre Erkenntnisse über die Verschiebung des Erdmagnetismus? Sie haben natürliche „Kompaßnadeln" gefunden, die ihnen anzeigen, wo sich in der Vergangenheit die Magnetpole befunden haben. Diese „Kompaßnadeln" sind als eisenhaltige Teilchen in der Lava zu finden, die einmal aus Vulkanen herausgeflossen ist. Wenn das Gestein noch sehr heiß ist, sind die Teilchen nicht magnetisiert (wir haben gelernt, daß hohe Temperaturen entmagnetisierend wirken). Beim Abkühlen der Lava werden sie jedoch durch das Magnetfeld der Erde ausgerichtet. Aus erstarrter Lava, die zu Basalt geworden ist, wird nun — nach Zehntausenden oder Hunderttausenden von Jahren — ein Kern herausgebohrt, dessen einzelne Schichten mit empfindlichen Meßinstrumenten abgetastet werden. Die eingeprägte Magnetisierung läßt die Polung für die jeweiligen Gebiete der Erde erkennen. Erstarrte Lava enthält meistens auch radioaktive Stoffe, an deren Zerfall das Alter des Gesteins errechnet werden kann. Durch diese jüngsten Untersuchungen in verschiedenen Teilen der Erde wurde festgestellt: Der heute im Norden liegende magnetische Nordpol befand sich vor 800 000 Jahren im Süden; weitere 200 000 Jahre vorher aber

hat anscheinend die heutige Ausrichtung bestanden. In den letzten 3 600 000 Jahren hat das Magnetfeld der Erde mindestens fünfmal, vermutlich sogar neunmal seine Richtung gewechselt. Warum das geschah, weiß niemand gewiß; als Ursache vermuten die Wissenschaftler Bewegungen im Inneren der Erde.

Das magnetische Feld der Erde ist nicht überall gleich stark. An den Polen ist es am stärksten; aber seine Stärke schwankt auch ein wenig von einem Punkt der Erdoberfläche zum anderen. Das liegt daran, daß in der Erde magnetische Stoffe enthalten sind — Lagerstätten von Eisen-, Nickel- oder Kobalterzen zum Beispiel. Geologen fanden heraus, daß sie die erdmagnetischen Schwankungen messen und dadurch die Stellen aufspüren konnten, wo Erzlager zu vermuten sind. Anfangs waren die Erfolge gering, weil man noch nicht die geeigneten empfindlichen

Mit Magneten auf der Suche nach Bodenschätzen

Ein Magnetometer, das an einem Kabel von einem Flugzeug herabhängt, zeigt Erze unter der Erdoberfläche an.

Meßgeräte entwickelt hatte. Auch waren solche Untersuchungen sehr schwierig, weil die Geräte über weite Gebiete und oft über unwegsames Gelände getragen werden mußten. Jetzt hat man aber ein sehr empfindliches Meßinstrument, Magnetometer genannt; es wird in einen bombenförmigen Behälter getan und an einem langen Kabel unter ein Flugzeug gehängt. Während das Flugzeug das zu untersuchende Gebiet überfliegt, zeigt das hochempfindliche Magnetometer jedes Erzlager tief in der Erde an. Magnetometer sind so empfindlich, daß sie selbst auf eine Handvoll Nägel reagieren, die 500 m unter dem Flugzeug auf dem Erdboden liegen.

Das Nordlicht ist eine Lichterscheinung,

Was verursacht das Nordlicht?

die besonders im Frühling und Herbst am nördlichen Himmel zu sehen ist. Es bildet große Lichtvorhänge oder Streifen, wogende Lichtschleier, oft in herrlichen Farben. Diese Lichterscheinung gibt es auch am Süd-

himmel der südlichen Halbkugel; sie heißt dann Südlicht.

Die Sonne sendet ständig Ströme von elektrisch geladenen, winzigen Materieteilchen aus. Wenn diese Teilchen das Magnetfeld der Erde erreichen, wandern sie auf den magnetischen Kraftlinien um die Erde. Viele der Teilchen stoßen mit Luftmolekülen zusammen, wodurch diese in Schwingungen geraten und weißes, rotes, blaues oder grünes Licht ausstrahlen, das dann als Nordlicht oder Südlicht erscheint. Es ist nur in höheren Breitengraden zu beobachten, weil das magnetische Feld der Erde am Nord- und am Südpol am stärksten ist. Man nennt die Lichterscheinung darum auch Polarlicht. In Jahren mit starken Sonnenflecken ist das Polarlicht besonders häufig und großartig.

Schon bald nach Beginn der Satelliten-

Was ist die Van-Allen-Magnetosphäre?

flüge wurde entdeckt, daß die Erde von einem ungeheuren Schwarm elektrisch geladener Atomteilchen umgeben ist, der sich bis 80 000 km in den Weltraum erstreckt. Woher alle diese unzähligen radioaktiven Teilchen stammen, ist ungewiß. Ein

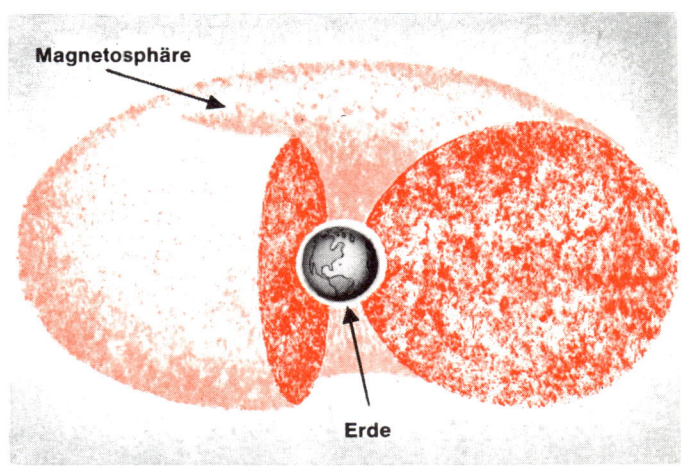

Der Van-Allen-Strahlungsgürtel

großer Teil kommt gewiß von der Sonne und wurde vom Magnetfeld der Erde eingefangen. Anfangs glaubten die Forscher, die Erde sei von zwei Strahlengürteln umgeben, einem kleineren, inneren Gürtel und nach einer Zone ohne radioaktive Teilchen von einem riesigen äußeren Gürtel. Später stellten die Wissenschaftler jedoch fest, daß ihre Satelliten nicht den ganzen Bereich erfaßt hatten. Nachdem alle Zonen durch Satelliten erforscht waren, wurde klar, daß es nur einen großen Schwarm radioaktiver Teilchen gibt, der in seiner größten Erdnähe sehr dicht ist, sich nach außen hin immer mehr verdünnt und in 80 000 km Entfernung im Weltraum endet. Dieser Schwarm oder Gürtel wurde die Magnetosphäre genannt. Sie wurde von dem amerikanischen Physiker James Van Allen entdeckt, und darum wurde sie nach ihm benannt.

Die Van-Allen-Magnetosphäre bildet einen mächtigen, um die Erde gelegten Ring. Über dem Äquator, wo das magnetische Feld der Erde am schwächsten ist, ist er am dichtesten. Über den nördlichen und südlichen Breitengraden, in der Nähe der Pole, ist er recht dünn; dort ist das Magnetfeld der Erde am stärksten. Diese Form der Magneto-

sphäre rührt daher, daß die elektrisch geladenen, radioaktiven Teilchen ein eigenes magnetisches Feld besitzen. Wenn sie, von der Sonne kommend, in das Magnetfeld der Erde geraten, werden sie durch dieses abgelenkt. Wohin sie sich weiterbewegen, hängt davon ab, wie ihre magnetischen Pole zu den Magnetpolen der Erde gerichtet sind. Da die meisten Teilchen rotieren, werden sie abwechselnd angezogen und abgestoßen. Sie wirbeln daher entlang den magnetischen Kraftlinien des Erdfeldes hin und her. (Manche Teilchen haben eine so hohe Geschwindigkeit, daß sie die magnetischen Kraftlinien durchstoßen und in die Atmosphäre oder sogar auf die Erdoberfläche gelangen.) Die Teilchen, die sich parallel zur magnetischen Achse der Erde nähern, haben keine magnetischen Kraftlinien zu kreuzen und werden direkt durch die Anziehung der irdischen Magnetpole in die Atmosphäre gezogen. Darum ist der Van-Allen-Gürtel über den Polen am dünnsten.

Weltraumfahrer müssen sich gegen die Strahlen der radioaktiven Materieteilchen in der Van-Allen-Magnetosphäre schützen; die Strahlen können für sie lebensgefährlich sein.

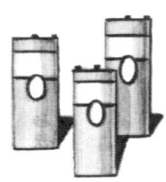

Elektromagnetismus

Bereits vor mehr als 200 Jahren kamen Forscher auf die Vermutung, zwischen Elektrizität und Magnetismus könne eine Beziehung bestehen.

Wie entdeckte Oersted den Elektromagnetismus?

Aber erst im Jahre 1820 wurde durch den Dänen Hans Christian Oersted diese Beziehung bewiesen. Oersted, der Physikprofessor war, legte eines Tages zufällig einen Kompaß in die Nähe eines Drahtes, der elektrischen Strom führte. Zu Oersteds Überraschung drehte sich die Kompaßnadel von ihrer Nord-Süd-Richtung fort und zeigte direkt auf den Draht. Oersted versuchte es mehrfach und stellte fest, daß sich die Kompaßnadel nur dann drehte, wenn Strom durch den Draht floß. Er folgerte daraus, daß ein Draht, durch den elektrischer Strom fließt, ein magnetisches Feld erzeugt.

Für diesen und die folgenden Versuche müssen wir uns einen elektrischen Schalter besorgen.

Wir wiederholen Oersteds Versuch

Wir können uns einen kaufen; aber manchem macht es gewiß Spaß, ihn selbst zu bauen. Mit einer Blechschere schneiden wir aus einer Konservendose einen Streifen von etwa 7 cm Länge und 1,5 cm Breite heraus. (Vorsicht! Blechkanten sind scharf!) Wir brauchen auch ein Stück Holz von der Größe eines kleinen Buches. Von einem 15 cm langen Leitungsdraht entfernen wir an den Enden die Isolierung. Ein Drahtende wird um einen kleinen Nagel gewickelt. Damit nageln wir dann ein Ende des Blechstreifens auf dem Brett fest. Der Nagel muß ganz hineingeschlagen werden, so daß der umgewickelte Draht den Blechstreifen fest auf das Holz preßt. Der Blechstreifen wird so in zwei Winkel gebogen, wie es die Abbildung auf Seite 33 zeigt.

Unter dem freien Ende des Blechstreifens machen wir ein Zeichen auf dem Holz, biegen den Streifen hoch und schlagen dort einen Nagel so weit ein, daß er bis zur Hälfte im Holz steckt. Wir biegen den Blechstreifen wieder zurück. Wenn wir jetzt sein Ende herunterdrükken, muß es den Nagelkopf berühren. Unser Schalter ist fertig! (Diesen Schalter dürfen wir aber nur in Verbindung mit Trockenbatterien gebrauchen! Wir dürfen ihn niemals mit einer stromführenden elektrischen Leitung in der Wohnung verbinden! Dabei kann man einen tödlichen Schlag bekommen!)

Um Oersteds Versuch zu wiederholen, brauchen wir noch einen Kompaß, eine Trockenbatterie und etwas Draht. Man kann diese Dinge in einem Elektrogeschäft oder im Warenhaus kaufen. Als Draht nehmen wir am besten Klingeldraht.

Von etwa 60 cm Klingeldraht schneiden wir an beiden Enden die Isolierung ab und wickeln ein Drahtende um den Nagel unter der beweglichen Seite des Bleches. Darauf verbinden wir das andere Drahtende mit einem Pol der Trockenbatterie. Von einem zweiten Stück Draht — etwa 90 cm lang — entfernen wir ebenfalls an beiden Enden die Isolierung. Ein Ende verbinden wir mit dem anderen Pol der Batterie; das andere Drahtende drehen wir mit dem freien Ende des Drahtes zusammen, den wir auf dem Brett mit festgenagelt haben.

Wir legen den Kompaß neben den Schalter und halten ein Stück des längeren Drahtes über den Kompaß. Den Kompaß drehen wir in Nord-Süd-Richtung, so daß das N auf dem Zifferblatt unter der N-Spitze der Kompaßnadel steht. Den Draht halten wir parallel zur Kompaßnadel darüber. Jetzt drücken wir unseren Schalter herunter; damit schließen wir den elektrischen Stromkreis, lassen also Strom von der Batterie durch den Draht fließen. Was geschieht mit der Kompaßnadel? Sie stellt sich quer zum Draht. Wir öffnen den Schalter, und die Nadel schwingt in ihre Nord-Süd-Richtung zurück. Den Versuch wiederholen wir mehrmals und stellen fest, daß die Kompaßnadel immer nur dann quer zum Draht abgelenkt wird, wenn Strom durch den Draht fließt. Das bedeutet: ein elektrischer Strom, der durch einen Draht fließt, erzeugt um den Draht herum ein magnetisches Feld (siehe Seite 33).
Nun lösen wir die beiden Drahtenden von den Polen der Batterie und tauschen sie um. Der Strom wird jetzt in

entgegengesetzter Richtung durch den Draht fließen. Wir halten den Draht wieder wie vorher über den Kompaß und schließen den Schalter. Die Kompaßnadel schwingt wieder quer zum Draht, aber in entgegengesetzter Richtung! Daraus geht hervor, daß eine Richtungsänderung des Stroms im Draht auch die Richtung der Pole des Magnetfeldes, das um den Draht herum entsteht, umkehrt.

Wir haben jetzt gelernt, daß ein Draht,

Was ist ein Elektromagnet?

durch den elektrischer Strom fließt, ein magnetes Feld erzeugt. Könnte diese Tatsache nicht genutzt werden, um einen Magneten herzustellen? Ja — einen **Elektromagneten!**

Ein Elektromagnet besteht aus einem Kern von magnetischem Material, um den herum viele Drahtwicklungen gelegt sind. Fließt elektrischer Strom durch den Draht, dann konzentrieren sich die vom Strom erzeugten magnetischen Kraftlinien im Kern. Der Kern eines Elektromagneten wird gewöhnlich aus weichem Eisen oder aus einer bestimmten Legierung hergestellt, die leicht zu magnetisieren ist, aber den Magnetismus ebenso leicht wieder verliert. Wird der Strom abgeschaltet, verliert der Stab sofort seinen Magnetismus. Im Anfangskapitel dieses Buches wurde von einem großen Magneten gesprochen, der den Eisen- und Stahlschrott in einem Schrottlager aufnahm. Das war ein Elektromagnet. An seinem Beispiel wird deutlich, warum es nötig ist, daß ein Elektromagnet sofort nach dem Abschalten des Stroms seinen Magnetismus verlieren muß: Der Schrottmagnet könnte sonst die aufgenommenen Eisenteile nicht wieder loslassen und wäre gar nicht zu gebrauchen.

Wie können wir einen Elektromagneten selbst herstellen?

Wir beschaffen uns einen etwa 8 cm langen Bolzen mit Gewinde und eine dazu passende Schraubenmutter. Die Mutter wird nur so weit auf den Bolzen geschraubt, daß dieser gerade eben herausschaut. Nun wickeln wir Klingeldraht um den Bolzen. Am Anfang lassen wir 30 cm vom Drahtende überstehen. Wir beginnen mit dem Wickeln am Bolzenkopf und legen eine Windung dicht neben die andere, bis zur Mutter. Wir bedecken die Bolzenlänge mit zwei oder drei Lagen Draht. Während wir den Draht von einem Ende zum anderen und wieder zurück wickeln, dürfen wir aber nicht seine Richtung umkehren. Zum Schluß muß ein Drahtende von 30 cm Länge frei bleiben. Damit der Draht festsitzt, führen wir das Ende unter der letzten Windung durch und ziehen es fest. Dann entfernen wir die Isolierung an den beiden Drahtenden. Ein Ende verbinden wir mit dem angenagelten Draht an unserem Schalter, das andere Ende schließen wir an einen Pol der Trockenbatterie. Nun nehmen wir einen Draht und verbinden mit ihm den Nagel unseres Schalters und den anderen Pol der Batterie. (Siehe auch Abbildung S. 33.) Der Bolzen ist ein Elektromagnet geworden! Wir lassen ihn Büroklammern aufheben. Öffnen wir den Schalter, so fallen die Büroklammern herunter. (Ist unser Bolzen aus Stahl, so haben wir allerdings einen Dauermagneten aus ihm gemacht, der die Büroklammern nicht fallen lassen wird!) Wir können unseren Elektromagneten verstärken, indem wir mehr Draht um den Bolzen wickeln oder ihn an eine stärkere Batterie oder an mehrere Batterien anschließen.

Elektrischer Strom, der durch einen Draht fließt, erzeugt ein Magnetfeld.

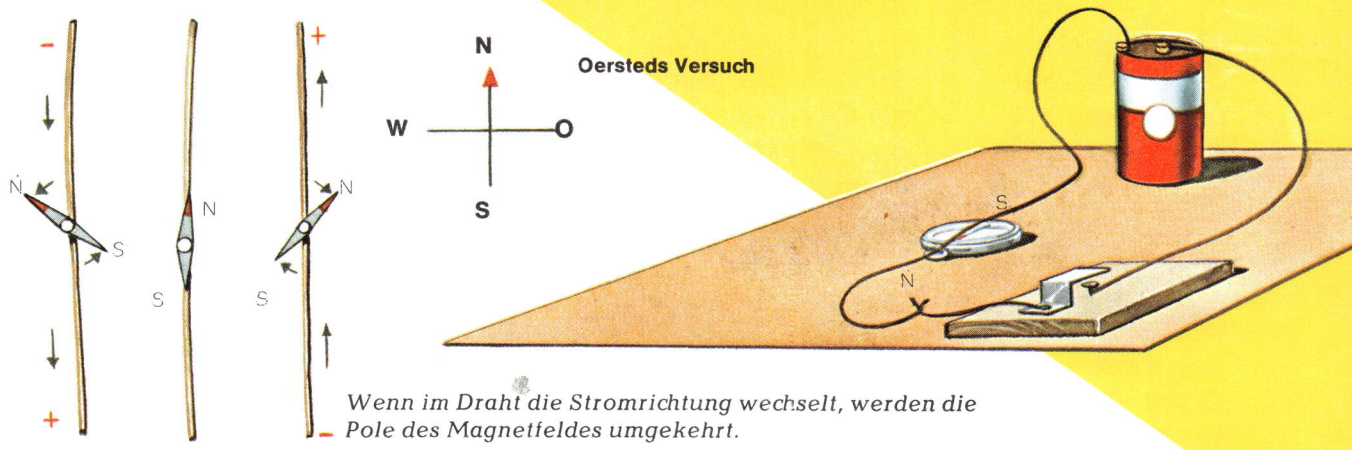

–
+
N
S
N
S
N
S
+
–

N
W
O
S
Oersteds Versuch
S
N

Wenn im Draht die Stromrichtung wechselt, werden die Pole des Magnetfeldes umgekehrt.

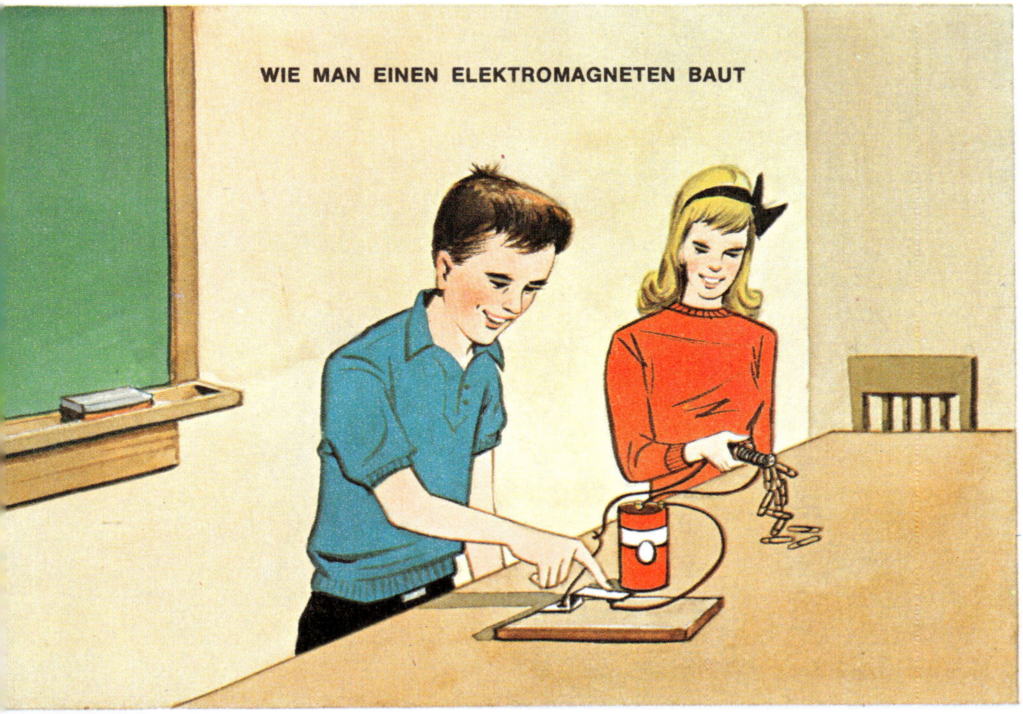

WIE MAN EINEN ELEKTROMAGNETEN BAUT

Wenn wir einen Elektromagneten hergestellt haben, können wir den unten abgebildeten Kran mit ihm bauen.

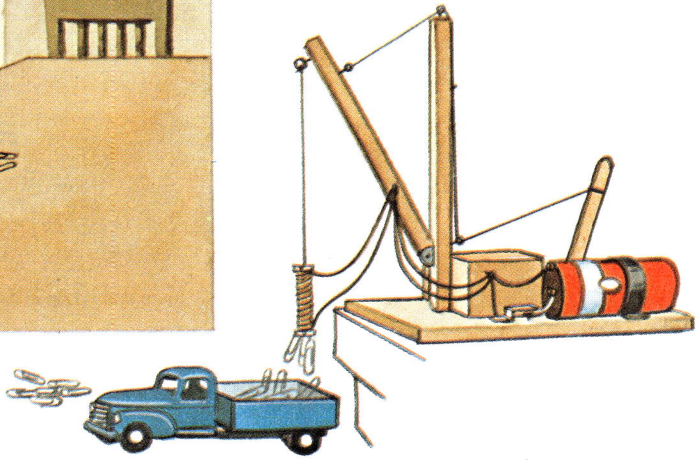

Auf Seite 34 wird beschrieben, wie Elektrizität erzeugt wird, wenn ein Magnet in eine Spule gesteckt wird. Wenn der Magnet sich nicht mehr bewegt, wird kein Strom induziert.

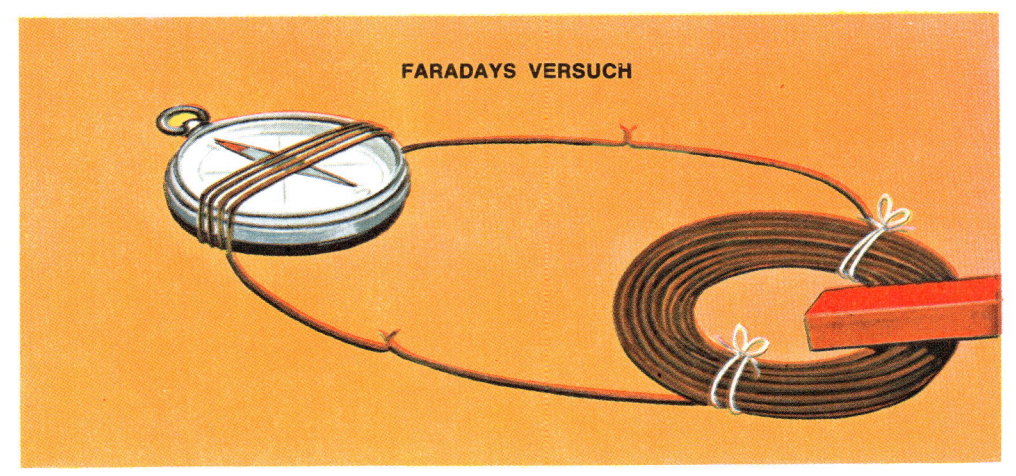

FARADAYS VERSUCH

Wenn elektrischer Strom, der durch einen Draht fließt, ein Magnetfeld erzeugt, könnte man dann nicht auch mit einem Magneten elektrischen

Kann ein Magnet Elektrizität erzeugen?

Strom erzeugen? Der englische Physiker Michael Faraday dachte jahrelang über diese Frage nach und machte viele erfolglose Versuche. Schließlich entdeckte er zufällig, daß ein Stabmagnet, den er durch eine Drahtspule führte, im Draht elektrischen Strom hervorrief. Er stellte dann fest, daß die Wirkung gleichblieb, ob er nun die Spule über den Magneten schob oder den Magneten durch die Drahtspule bewegte — jedesmal gab es einen Stromstoß.

Wir wickeln etwa 20 Windungen Klingeldraht um einen

Wie können wir Faradays Versuch wiederholen?

Pappbecher, wobei wir erst 30 cm Draht überstehen lassen. Dann drücken wir den Pappbecher zusammen und ziehen ihn heraus. So haben wir eine Drahtspule. Damit sie sich nicht auflöst, binden wir an zwei gegenüberliegenden Stellen einen Bindfaden um ihre Drähte. Nun wickeln wir drei oder vier Windungen Klingeldraht so um einen Kompaß, daß der Draht über die Kompaßnadel hinweggeht. Wir verbinden die Enden dieses Drahtes mit den Enden der Draht-

spule. Sobald Strom durch den Draht fließt, wird ein Magnetfeld erzeugt, und die Kompaßnadel wird sich bewegen. (Siehe Abbildungen Seite 33.)

Wir stecken einen Stabmagneten in die Spule. Die Kompaßnadel bewegt sich. Wir achten darauf, in welche Richtung sie sich bewegt. Ziehen wir den Magneten heraus, so bewegt sich die Kompaßnadel in die entgegengesetzte Richtung. Das bedeutet, daß sich die Richtung des elektrischen Stromes umkehrt, wenn der Magnet sich entgegengesetzt bewegt. Wir halten den Magneten still und bewegen die Spule. Das Ergebnis ist das gleiche wie vorhin, als wir den Magneten bewegten.

Nun führen wir wieder den Magneten in die Spule, unterbrechen dabei aber mehrfach seine Bewegung. Sobald die Bewegung des Magneten gestoppt wird, schwingt die Magnetnadel wieder in ihre Nord-Süd-Richtung und zeigt damit an, daß kein Strom mehr fließt. Wir können daraus schließen, daß es die Bewegung des Magneten in der Spule oder die Bewegung des Drahtes im Magnetfeld ist, die elektrischen Strom erzeugt.

Aus diesem Versuch lernen wir, daß dreierlei nötig ist, um nach dieser Methode elektrischen Strom zu erzeugen: erstens ein Magnet, zweitens ein Draht als Leiter und drittens die Bewegung. Wenn einer von diesen drei Faktoren fehlt, läßt sich keine Elektrizität erzeugen.

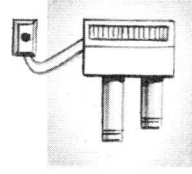

Elektromagnete in der Anwendung

Eine elektrische Klingel (wie sie an der Haustür angebracht ist), die läutet, sobald jemand den Klingelknopf drückt, enthält einen Magneten.

Wie funktioniert eine elektrische Türglocke?

Drückt man den Klingelknopf, der ein Schalter ist, so fließt elektrischer Strom durch die Spulen des Elektromagneten in der Klingel. Dadurch wird ein Metallstreifen vom Magneten angezogen. Am Ende des Metallstreifens befindet sich ein Knopf, der gegen die Glocke schlägt.

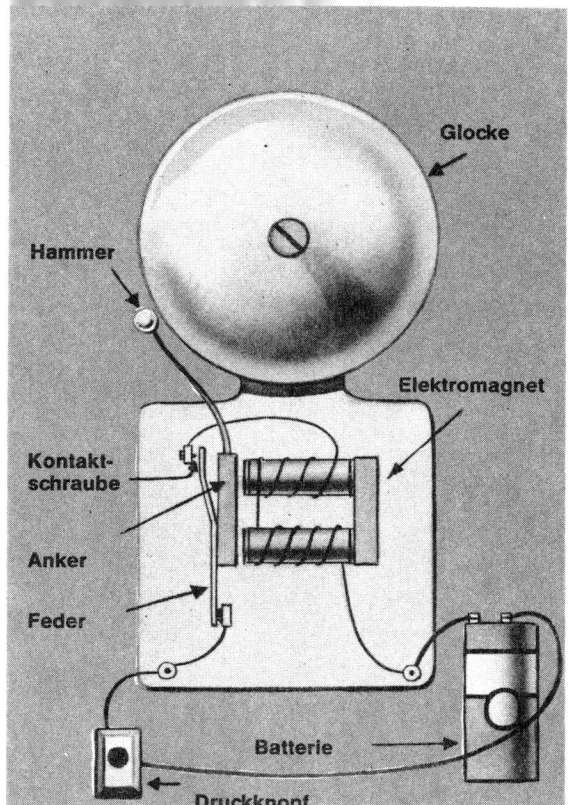

So funktioniert eine elektrische Klingel.

Metallstück nicht mehr an. Das Messingblech springt zurück, zieht das Metallstück mit sich und berührt wieder die Kontaktschraube. Der Stromkreis wird erneut geschlossen, und der Vorgang wiederholt sich. Das geht so lange, wie wir den Klingelknopf drücken.

Ein Summer funktioniert genauso wie eine Klingel, aber er erzeugt einen schnarrenden Ton, weil in ihm der Knopf an dem Metallstück, der Klöppel, gegen einen massiven Gegenstand schlägt und nicht an eine Glocke.

Wir haben gelernt, daß elektrischer Strom erzeugt wird, wenn ein Leiter (die Drahtspule) in einem Magnetfeld bewegt wird. Im Jahre 1832 nutzte der französische Er-

Was ist ein Dynamo?

Man könnte meinen, daß der Metallstreifen so lange vom Magneten festgehalten wird, wie wir den Klingelknopf drücken und damit den Stromkreis schließen, und daß er erst losgelassen wird, wenn wir den Finger vom Knopf nehmen. Wir wissen aber, daß etwas anderes passiert, wenn wir klingeln. Solange wir den Finger auf dem Knopf halten, bewegt sich der Metallstreifen sehr rasch hin und her, und ebenso rasch schlägt der Klöppel immer wieder gegen die Glocke. Wie kommt das? Das Metallstück ist mit einem Stück Messingblech verbunden, das mit einer spitzen Schraube in Berührung steht, der Kontaktschraube. Der elektrische Strom fließt durch die Kontaktschraube in den Magneten. Sobald der Magnet das Metallstück anzieht, wird auch das Messingblech zum Magneten hin- und von der Kontaktschraube weggezogen, wodurch der Stromkreis unterbrochen wird. In diesem Augenblick befindet sich also kein Strom mehr in der Leitung, und der Elektromagnet zieht das

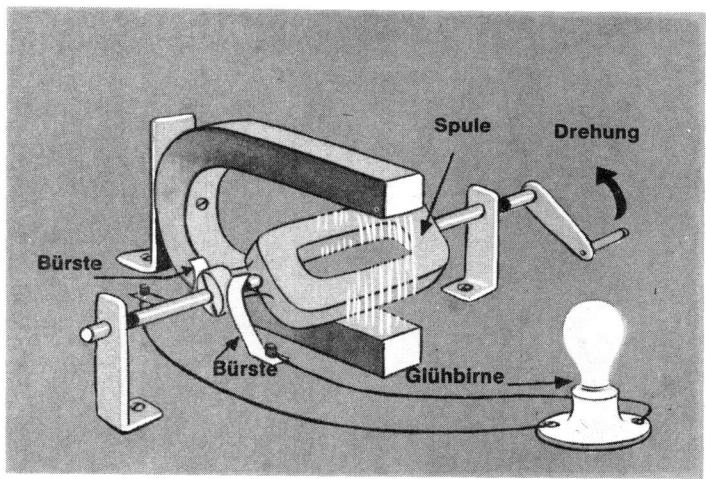

Der Dynamo verwandelt mechanische Energie durch elektromagnetische Induktion in elektrische Energie.

finder Hyppolyte Pixii diese Erscheinung und baute einen Apparat, der ständigen elektrischen Strom erzeugte. Er baute den ersten Generator, auch Dynamo genannt. Wenn die Spule in einem Magnetfeld gedreht wird, entsteht im Draht der Spule elektrischer Strom. Der Strom fließt durch die Drehachse der Spule über Kontakte in die Leitung. Die Leitung kann den Strom zu Elektrogeräten wie Bügeleisen, Radio, Glühlampen und zu vielen anderen Apparaten führen, die durch Elektrizität angetrieben werden.

In jedem modernen Elektrizitätswerk befinden sich riesige Dynamos mit eingebauten Magneten, die drei Meter hoch sind und Zehntausende von Drahtwindungen enthalten. Die sich drehenden Teile der großen Dynamos, die Anker, werden durch Dampf- oder Wasserturbinen angetrieben.

So arbeitet ein einfacher Gleichstrom-Motor.

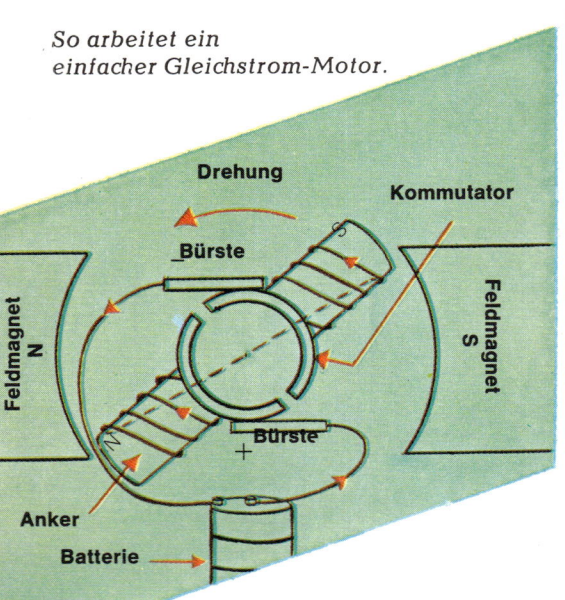

Ein Spielzeugmotor, an zwei Batterien angeschlossen.

Gleiche Magnetpole stoßen sich ab, ungleiche ziehen sich an. Auf diesem Gesetz der magnetischen Pole beruht die Arbeitsweise des Elektromotors. Ein Elektromotor hat einen Magneten, der sich im Feld eines anderen Magneten bewegt. Die Drehbewegung des Motors entsteht dadurch, daß sich die Pole der beiden Magnete abwechselnd anziehen und abstoßen.

Wir hängen einen Magneten auf, wie wir es gelernt haben, als wir das Gesetz der Magnetpole behandelten. Nun nähern wir den N-Pol eines anderen Magneten dem N-Pol des hängenden Magneten. Der N-Pol des hängenden Magneten wird von dem sich nähernden N-Pol des Magneten in unserer Hand fortstreben. Sobald er eine Vierteldrehung gemacht hat, bringen wir den N-Pol des zweiten Magneten in die Nähe des heranschwingenden S-Pols. Der S-Pol des hängenden Magneten wird angezogen. Wir ziehen den zweiten Magneten zurück, und wenn der S-Pol vorübergeschwungen ist, drehen wir den Magneten in der Hand so,

Wie wirken Magnete in einem Elektromotor?

Ein Spielzeugmotor, entweder gekauft oder selbst gebaut, kann einen kleinen Ventilator antreiben, genau wie ein größerer Ventilator von einem richtigen Elektromotor angetrieben wird.

kehrten. Der Draht entspricht der Spule in einem Elektromotor, und die Umkehrung der Stromrichtung wechselt auch die Pole des Elektromagneten aus.

Der Magnet im äußeren Teil eines Elektromotors ist unbeweglich. Er wird Feldmagnet genannt (er kann ein Elektro- oder ein Dauermagnet sein). Seine Pole ändern sich nicht. Der äußere, unbewegliche Teil des Elektromotors wird auch als Ständer oder Stator bezeichnet, der innere, bewegliche, als Läufer oder Anker. Der zweite Magnet, der Läufer oder Anker, befindet sich zwischen den Polen des Feldmagneten. Der Anker, der auf einer Achse befestigt ist und sich mit ihr dreht, ist von einer Drahtspule umgeben. Wenn Strom den Spulendraht durchfließt, wird der Anker zu einem Elektromagneten. Die gleichen Pole des Ankers und des Feldmagneten stoßen sich ab und die ungleichen ziehen sich an. Daraus ergibt sich die Drehbewegung des Ankers. Wenn ungleiche Pole sich einander nähern, müßten sie eigentlich die Drehung aufhalten — wenn nicht noch etwas anderes geschähe.

daß sein S-Pol den schwingenden S-Pol abstößt. So können wir durch abwechselndes Anziehen und Abstoßen den hängenden Magneten in schnelle Drehung versetzen. Ein Elektromotor wirkt in der gleichen Weise.

In einem Elektromotor muß jedoch wenigstens ein Magnet ein Elektromagnet sein, weil dieser seine Pole dadurch schnell wechseln kann, daß die Stromrichtung sich ändert. Wir erinnern uns an Oersteds Entdeckung. Wenn die Richtung des elektrischen Stromes in einem Draht sich umkehrte, wirkte er wie ein Magnet, dessen Pole sich um-

Ein kleiner Küchenmixer und eine große Elektrolokomotive — beide werden von Elektromotoren angetrieben.

Sobald sich die ungleichen Pole fast gegenüberstehen, kehrt eine kleine Vorrichtung am Anker die Stromrichtung um. Diese Umkehrvorrichtung wird Kommutator oder Stromwender genannt. Die Umkehrung der Stromrichtung vertauscht die Magnetpole des Ankers. Aus den ungleichen Polen sind zwei gleiche Pole geworden, die sich gegenseitig abstoßen. Der Anker dreht sich weiter.

Ebenso schnell, wie der Anker sich dreht, wechselt auch die Stromrichtung, und der Anker dreht sich so lange, wie Strom in den Motor fließt. Es gibt Motoren, deren Anker einige tausend Umdrehungen in der Minute machen.

Der Elektromotor ist eine der nützlichsten Maschinen. Wir drehen einen Schalter, und ein Elektromotor beginnt zu arbeiten, kraftvoll und ruhig. Wie plump wäre dagegen ein Benzinmotor oder eine Dampfmaschine, etwa als Antrieb eines Küchenmixers oder eines Ventilators! Elektromotoren werden für zahllose Maschinen und Geräte verwendet, für Waschmaschinen, Kühlschränke, Staubsauger, Schreibmaschinen und viele andere.

Starke Elektromotoren sind in allen Industriebetrieben zu finden. Sie bewegen Fahrstühle und Rolltreppen, Fließbänder und Walzen, Eisenbahnen und Untergrundbahnen. Die moderne Technik ist ohne den Elektromotor gar nicht denkbar.

Wie können wir einen Elektromotor bauen?

Um den Anker oder Läufer für einen Elektromotor herzustellen, nehmen wir einen neuen, runden Bleistift und spitzen beide Enden an. Ferner brauchen wir eine hölzerne Garnrolle, deren Loch so groß sein muß, daß wir den Bleistift hineinzwängen können. Auf jeder Seite der Rolle sägen oder schneiden wir vier Nuten aus, wie es die Abbildung zeigt.

Die Spule wird nun mit Klingeldraht umwickelt. Wir lassen erst 3 cm Draht überstehen und wickeln in **Längsrichtung** der Rolle je drei Lagen in zwei sich gegenüberliegende Nuten. Wir müssen eng und fest wickeln, damit sich die Drähte berühren. Nach drei Lagen im ersten Nutenpaar führen wir den Draht zum zweiten und wickeln wieder drei Lagen. Der Draht muß immer in gleicher Richtung gewickelt werden und darf nicht unterbrochen sein. Zum Schluß lassen wir ein Drahtende von etwa 3 cm überstehen. Wir sichern den Draht mit einem Knoten, den wir um die letzte Windung legen. Anfang und Ende des Drahtes müssen an der gleichen Seite der Spule liegen. Unter jedes Ende kleben wir einen 1 cm breiten und 2 cm langen Streifen Metallfolie (Silberpapier) so auf den Bleistift, daß er fast um die Hälfte des Stifts herumreicht; die Foliestreifen dürfen sich aber nicht berühren. Von den Drahtenden entfernen wir die Isolierung und verbinden jedes Ende mit einem Foliestreifen, indem wir es mit Tesafilm ankleben.

In ein Stück Holz von 10 cm Länge, 4 cm Breite und 2 cm Dicke bohren wir ein 2 cm tiefes Loch mit 10 mm Durchmesser. Unten in das Holz schneiden wir Kerben, wie es die Abbildung zeigt.

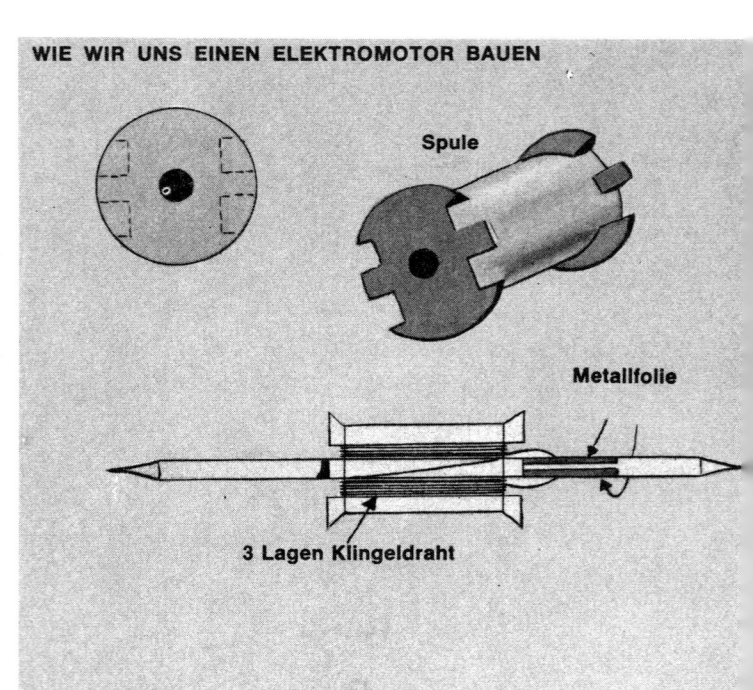

WIE WIR UNS EINEN ELEKTROMOTOR BAUEN

Spule

Metallfolie

3 Lagen Klingeldraht

Nun besorgen wir uns zwei Gewindebolzen, 5 cm lang, Durchmesser 10 mm; außerdem 4 Unterlegscheiben aus Eisen, die sich auf die Bolzen schieben lassen. Wir bringen zwei Unterlegscheiben auf einen Bolzen und schrauben ihn fest in das Loch des Holzstückes hinein; etwa 3,5 cm des Bolzens ragen noch heraus.

Mit einem gleichen Stück Holz und dem zweiten Bolzen machen wir das gleiche. Dann wickeln wir um einen Bolzen Klingeldraht (erst bleiben 30 cm frei). Wir schieben erst eine Unterlegscheibe gegen das Holz und beginnen dort mit den festen, dicht nebeneinander liegenden Drahtwindungen. Die andere Unterlegscheibe begrenzt die gewickelte Spule am Bolzenkopf. Wir wickeln 6 Lagen Draht um den Bolzen. Dann verknoten wir den Draht mit der letzten Windung, lassen etwa 20 cm frei und wickeln den gleichen Draht weiter um den zweiten Bolzen, aber in entgegengesetzter Richtung. Auch hier beginnen wir am Holz. Nach ebenfalls 6 Lagen wird der Draht zweimal in den Kerben unten um das Holz gewickelt und mit einem Schlaufenknoten gesichert. Dasselbe machen wir am anderen Holzstück mit dem freien Drahtende des ersten Bolzens. Diese beiden Holzstücke mit den Bolzen bilden den unbeweglichen Teil, den Stator, unseres Elektromotors.

Wir nehmen zwei weitere Holzstücke von je 10 cm Länge, 3 cm Breite und 2 cm Dicke und bohren in jedes Stück an der 2 cm breiten Schmalseite ein Loch mit einem Durchmesser von 3 mm 10 mm tief. Alle in die Holzstücke gebohrten Löcher müssen sich in gleicher Höhe befinden.

Auf einem breiten Holzbrett werden die vier Holzstücke mit dünnen Holzschrauben von unten festgeschraubt, so wie es die Abbildung zeigt. Die beiden Holzstücke mit den Bolzen müssen so angeschraubt werden, daß die Bolzenköpfe jeweils nicht mehr als 3 mm vom Anker (Läufer) entfernt sind. Die Bleistiftspitzen des Ankers stecken wir in die Löcher der beiden anderen Holzstücke. Wir besorgen uns zwei Stücke starken Eisendraht, 10 cm lang und 2 mm dick. Sie werden im Holzbrett so in zwei

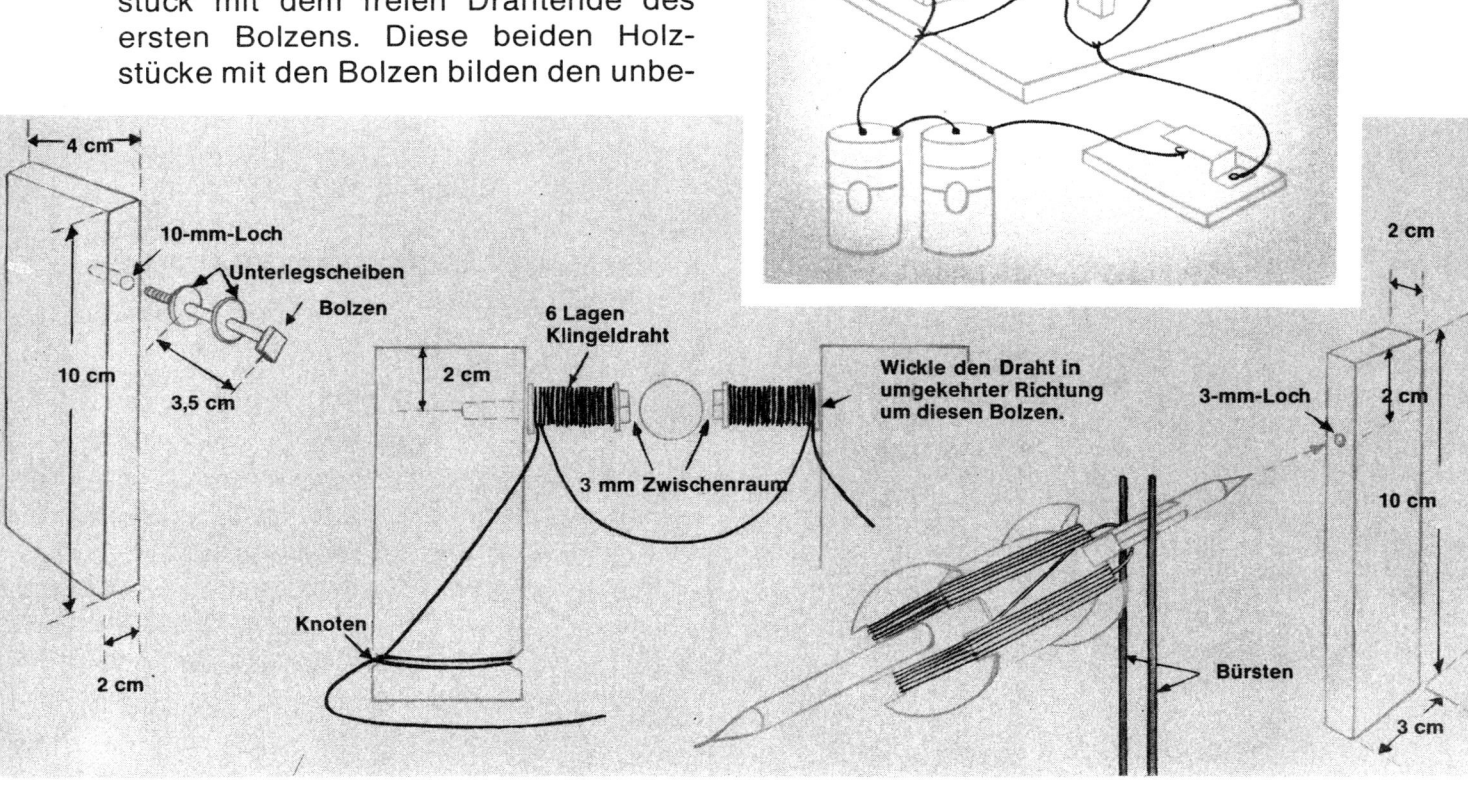

Löchern befestigt, daß sie den Bleistift an der Metallfolie zu beiden Seiten leicht berühren. Sie sind die „Bürsten" des Kommutators, des Stromwandlers, an unserem Motor.

Jetzt verbinden wir jeden Eisendraht mit einem Stück Klingeldraht und alle anderen Drähte so miteinander, wie es die Abbildung zeigt. Wo Drähte eine stromleitende Berührung haben sollen, muß die Isolierung entfernt werden. Zwei Drähte schließen wir an ein Paar Trockenbatterien, die miteinander verbunden sind. (Auf keinen Fall an eine stromführende Steckdose; das kann einen tödlichen Stromschlag verursachen!)

Haben wir den Motor sorgfältig gebaut, so wird sich der Anker drehen, wenn wir nun den Schalter herunterdrücken.

Wie helfen Magnete in der Atomforschung?

Das wichtigste, was ein Atomforscher braucht, sind riesige Maschinen, die Teilchenbeschleuniger oder „Atomzertrümmerer". In diese Maschinen sind Elektromagnete eingebaut, die die Atomteilchen in so hohe Geschwindigkeiten versetzen, daß sie fast Lichtgeschwindigkeit erreichen (das sind 300 000 km in der Sekunde).

Ein sehr wichtiger Teilchenbeschleuniger ist das Zyklotron. Es besteht aus einem großen, runden Metallbehälter, der sich zwischen den Polen eines riesigen Elektromagneten befindet. Der Metallbehälter ist luftleer gemacht, so daß in seinem Innern ein hohes Vakuum besteht. In dieser Vakuumkammer befinden sich zwei hohle Behälter aus Metall. Sie sehen aus wie die Hälften einer runden, flachen Dose und werden Duanten oder Dees genannt — nach ihrer Grundfläche, die einem D gleicht.

Sie stehen unter hoher elektrischer Ladung, die sich einige millionenmal in der Sekunde umkehrt. Die Atomteilchen, etwa Protonen, werden mitten zwischen die Duanten geleitet. Die elektrische Ladung eines Atomteilchens verursacht sein magnetisches Feld, und der große Elektromagnet zieht das Teilchen entweder an oder stößt es ab. Das

Das riesige Zyklotron der Universität von Berkeley, Kalifornien.

veranlaßt das Atomteilchen, innerhalb der Duanten zu kreisen. Es saust von einem Duanten in den anderen hinüber, weil es vom ungleichen Magnetpol des anderen Duanten angezogen wird. Sowie es aber drinnen ist, wechselt die Ladung des Duanten, und es wird abgestoßen. Sofort wirkt wieder die Anziehung des ersteren. Durch die ständige Umkehrung des elektrischen Feldes wird das Teilchen immer mehr beschleunigt. Mit zunehmender Beschleu-

nigung wird seine Spiralbahn immer ein wenig weiter, bis es schließlich die Außenwand eines Duanten erreicht. Hier schießt es aus dem Zyklotron heraus.

Der Strahl der sehr schnell aus dem Zyklotron herausschießenden Atomteilchen wird auf verschiedene Stoffe gerichtet; so können die Wissenschaftler das Verhalten dieser Stoffe und der Atomteilchen, die sie beschießen, untersuchen.

Magnete in der Nachrichtentechnik

Ein Telegraf ist ein Apparat zur Übermittlung von Nachrichten durch Drahtleitungen. Er besteht aus einem Sender mit Sendetaste, einem Empfänger, der wie ein Summer gebaut ist, und einer Stromquelle. Die Sendetaste ist ein Schalter, der den Stromkreis öffnet oder schließt. Ein Metallstab bil-

Wie wirken Magnete in einem Telegrafenapparat?

det den Hauptteil der Sendetaste; er ist an einem federnden Metallstreifen befestigt und besitzt am anderen Ende einen Knopf. Wenn der Telegrafist diesen Knopf herunterdrückt, bekommt der Stab Kontakt mit einer kleinen Metallschraube und schließt dadurch den Stromkreis. Nimmt der Telegrafist seinen Finger vom Knopf, springt der Stab zurück und unterbricht den Stromkreis wieder.

Der Telegraf

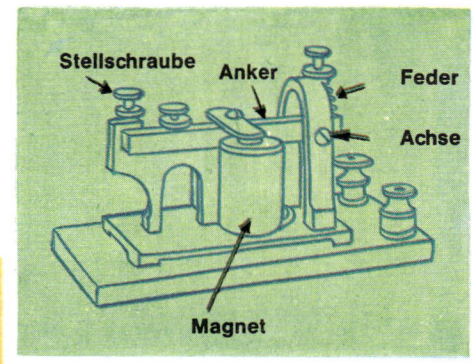

Stellschraube   Anker   Feder   Achse

Magnet

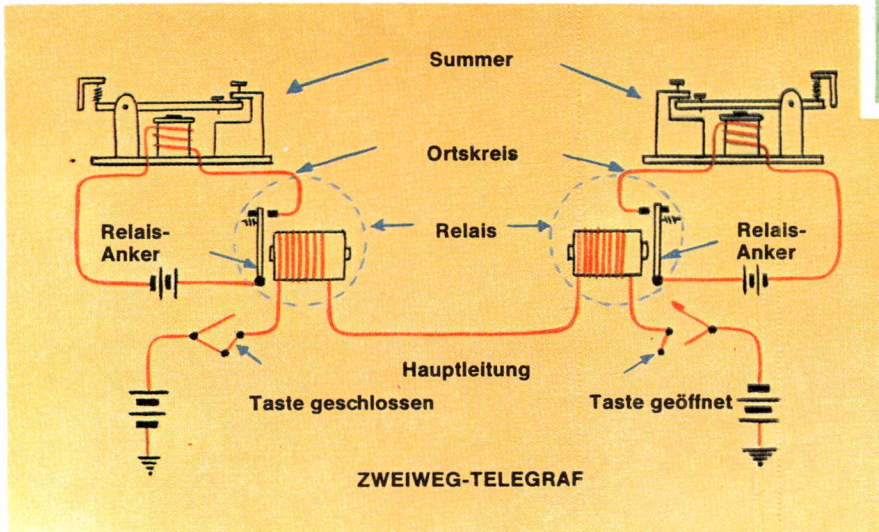

Summer

Ortskreis

Relais

Relais-Anker   Relais-Anker

Hauptleitung

Taste geschlossen   Taste geöffnet

ZWEIWEG-TELEGRAF

Links: Darstellung einer Zweiweg-Telegrafenleitung mit Relais, wie auf S. 41 und S. 42 beschrieben

Der Empfänger enthält einen magnetischen Metallstab, den Anker, der sich 1—2 mm über dem Pol eines Elektromagneten befindet. Das eine Ende des Ankers ist in einer Achse gelagert; darüber sitzt eine Feder, die das Ende herunterdrückt. Das andere Ende des Ankerhebels liegt zwischen einem Metallstück und einer Stellschraube. Wenn der Telegrafist die Stellschraube herunterdrückt und den Stromkreis schließt, zieht der Elektromagnet das längere Ende des Ankers im Empfänger plötzlich herab. Der Anker stößt auf das Metallstück, und ein scharfes Tickgeräusch ist zu hören. Sobald die Sendetaste losgelassen wird, hört die Anziehung des Ankers durch den Elektromagneten auf. Der Anker wird durch die Feder am anderen Ende nach oben gedrückt und schlägt wieder mit einem scharfen Klick oben gegen die Stellschraube.

Der Telegrafist achtet auf den zeitlichen Abstand des Tickens. Ein kurzer Abstand (nur etwa $^1/_5$ Sekunde) bedeutet einen Punkt, ein längerer (etwa $^1/_2$ Sekunde) einen Strich. Mit Hilfe eines Kodes, der die Bedeutung der verschiedenen Zusammenstellungen von Punkten und Strichen entschlüsselt, können Mitteilungen zwischen Sender und Empfänger — die oft weit voneinander entfernt sind — durch Drahtleitungen übermittelt werden.

Angenommen, ein Telegrafist in München will eine Nachricht nach Hamburg senden. Der Münchner drückt seine Sendetaste herunter und schließt einen Stromkreis. Elektrischer Strom fließt durch die Leitung nach Hamburg. Der Elektromagnet im Hamburger Empfänger beginnt zu arbeiten, der Apparat tickt. Wie kommt aber der Stromkreis zustande, wenn die Sendetaste in München heruntergedrückt wird und der Anker am Empfänger in Hamburg offen ist? Der Telegrafist in Hamburg schließt

seinen Teil des Stromkreises mit einem Leitungsschalter, wie er auch in München vorhanden ist. Wenn der Hamburger dem Münchner zu antworten wünscht, so öffnet er seinen Leitungsschalter, und der Münchner schließt den seinen.

In einem Telefon wird ein Elektromagnet durch elektrischen Strom veranlaßt, eine Metallscheibe anzuziehen; dadurch werden Töne verursacht. Wir wollen sehen, wie das vor sich geht. Ein Ton entsteht, wenn ein Gegenstand sehr schnell in der Luft hin- und herschwingt. Dieses Hin- und Herschwingen nennt man Vibration. Wenn ein Gegenstand vibriert, versetzt er auch die ihn umgebende Luft in Schwingungen. Die Luftschwingungen oder Luftwellen gelangen an unser Ohr, und wir hören sie als Ton. Wenn wir zum Beispiel eine Trommel schlagen, vibriert das Fell der Trommel und verursacht Schallwellen, die sich durch die Luft zu unserem Ohr hin bewegen. Auch der Ton, der aus einem Telefonhörer kommt, wird durch Vibration erzeugt.

Der Telefonapparat besteht im wesentlichen aus zwei Teilen: dem Mundstück oder Schallsender und der Ohrmuschel oder dem Empfänger. Wir sprechen in den Schallsender hinein und halten den Empfänger an unser Ohr.

Wie alle elektrischen Apparate, muß auch das Telefon einen elektrischen Stromkreis haben. Wenn wir eine Nummer wählen, schließt ein automatischer Schalter in der Telefonzentrale einen Stromkreis zwischen unserem Telefon und dem gewählten Apparat. Die Telefonzentrale vermittelt außerdem automatisch den erforderlichen elektrischen Strom.

Im Mundstück, dem Sender, befindet

Wie funktioniert ein Telefon?

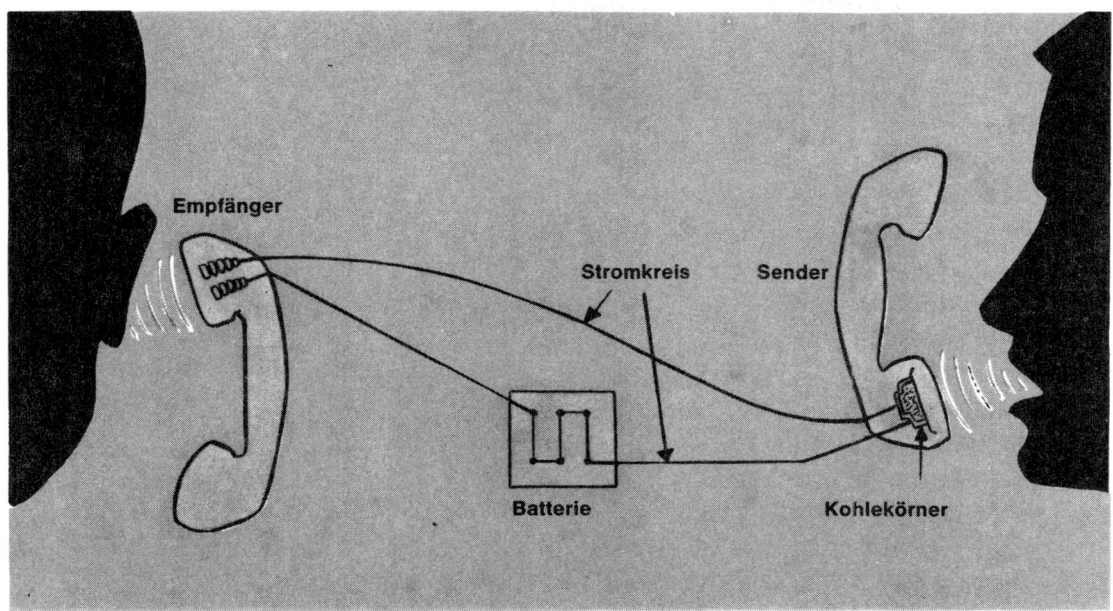

Empfänger

Stromkreis Sender

Batterie Kohlekörner

Links: Ein einfacher Telefonkreis mit Batterie.
Unten: Querschnitt durch einen Telefonempfänger, der die Lage der Membrane, des Dauermagneten und des Elektromagneten zeigt.

(Diagramme von Bell Telephone Laboratories)

sich eine kleine, runde, flache Dose, die mit Kohlekörnchen gefüllt ist. Als Deckel hat die Dose eine dünne Metallscheibe. Wenn wir in das Mundstück hineinsprechen, bringt der Klang unserer Stimme die Metallscheibe zum Vibrieren. Die Hin- und Herbewegung der Scheibe preßt — in genauer Folge des Vibrierens abwechselnd — die Kohlekörner mehr oder weniger zusammen.

Die Kohlekörnchen sind ein Teil des Stromkreises. Je stärker sie zusammengepreßt sind, um so besser leiten sie den elektrischen Strom. Dadurch ändert sich ständig die Stromstärke, die durch die Kohlekörnchen hindurchgeht, und zwar entsprechend der Vibration der Metallscheibe.

Die wechselnde Stromstärke wird durch den Draht zum Empfänger des Gesprächspartners geleitet. Im Empfänger sind ein Elektromagnet und eine Metallscheibe. Je nach der Stromstärke, die der Elektromagnet empfängt, zieht er nun die Metallscheibe stärker oder schwächer an. Bei starkem Stromstoß wird die Metallscheibe vom Magneten angezogen, bei schwachem schwingt sie zurück. Diese Hin- und Herbewegung der Metallscheibe versetzt die sie umgebende Luft ebenfalls in Schwin-

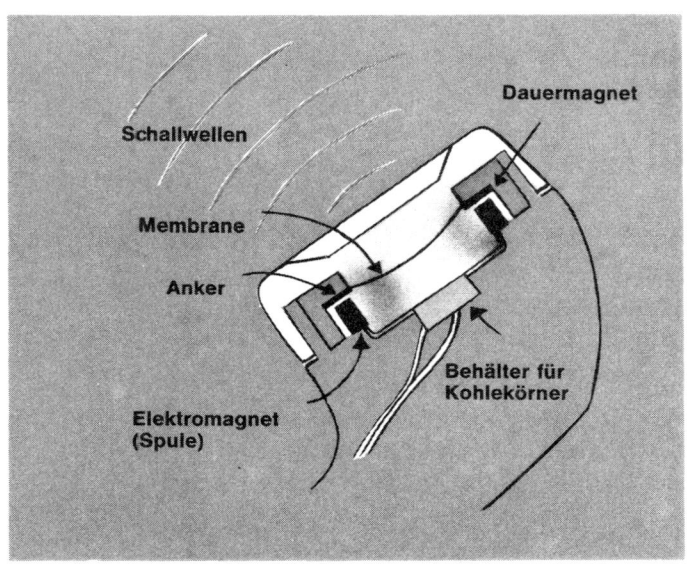

Schallwellen

Dauermagnet

Membrane

Anker

Elektromagnet (Spule)

Behälter für Kohlekörner

gungen. Die Vibration der Scheibe erzeugt also Schallwellen, die wir hören, wenn wir unser Ohr an den Empfänger halten. Die Laute, die wir hören, entsprechen denen, die am anderen Ende der Leitung in den Apparat gesprochen wurden.

Es ist wichtig, sich klarzumachen, daß beim Telefonieren keine Schallwellen durch die Drähte geleitet werden. Es sind die wechselnden Stromstärken, die durch die Schallwellen im Sender hervorgerufen und im Empfänger wieder zu Tönen umgewandelt werden.

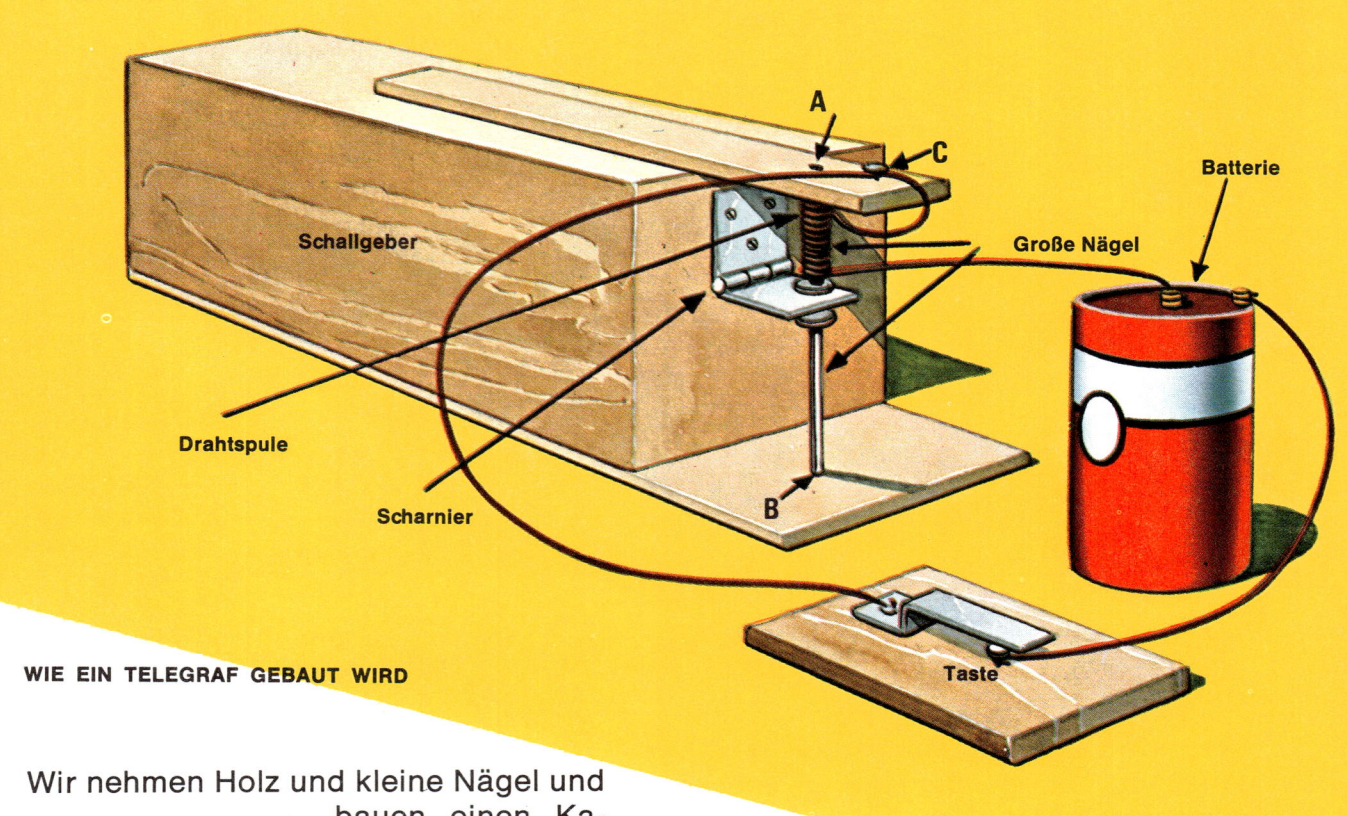

A

C

Batterie

Schallgeber

Große Nägel

Drahtspule

Scharnier

B

Taste

WIE EIN TELEGRAF GEBAUT WIRD

Wir nehmen Holz und kleine Nägel und bauen einen Ka-

Wir bauen
uns einen
Telegrafen-
apparat

sten, wie ihn die Abbildung zeigt. Bevor wir ihn zusammensetzen, schlagen wir zwei Nägel mit großen Köpfen in die mit A und B bezeichneten Stellen und einen kleinen Stift in C. Die beiden Nägel müssen sich gegenüberstehen mit einem Abstand von 5 mm zwischen den Köpfen. Wir wickeln Draht in zwei oder drei Lagen um den oberen Nagel und umkleben diese Spule mit Tesafilm. Dann verbinden wir das eine Drahtende mit einem Pol einer Trockenbatterie; das andere wird an dem kleinen Stift befestigt.

Nun brauchen wir noch ein eisernes Scharnier. Es muß leicht zu bewegen sein, vielleicht müssen wir es ölen. Wir stecken die eine Hälfte des Scharniers zwischen die beiden Nagelköpfe; die andere Hälfte nageln oder schrauben wir am Holz fest, wie aus der Abbildung zu ersehen. Die freie Hälfte zwischen den Nagelköpfen muß sich leicht hin- und herbewegen lassen.

Zwei lange Drähte verbinden wir mit dem Schalter, den wir schon bisher bei unseren Versuchen benutzt haben. Der Schalter ist jetzt unsere Telegrafentaste. Einen der Drähte schließen wir mit dem noch freien Ende der Spule um den oberen Nagel zusammen, den anderen an den zweiten Pol der Batterie. Unser Telegrafenapparat ist fertig.

Wir drücken den Schalter herunter und lassen ihn sofort wieder los. Das Ergebnis ist ein zweimaliges Ticken — einmal, wenn die Scharnierhälfte vom Elektromagneten angezogen wird, zum andern, wenn sie auf den unteren Nagel zurückfällt. Wird der Schalter abwechselnd kürzere und längere Zeit hinuntergedrückt, lassen sich Punkte und Striche telegrafieren. Mit dem Morse-Alphabet, das oben auf Seite 45 zu sehen ist, können wir Nachrichten übermitteln.

Morse-Alphabet

A · —		R · — ·
B — · · ·	J · — — —	S · · ·
C — · — ·	K — · —	T —
D — · ·	L · — · ·	U · · —
E ·	M — —	V · · · —
F · · — ·	N — ·	W · — —
G — — ·	O — — —	X — · · —
H · · · ·	P · — — ·	Y — · — —
I · ·	Q — — · —	Z — — · ·

Wir brauchen dazu den Kohlestab aus

Wie können wir ein einfaches Telefon bauen?

---

einem ausgebrauchten Trokkenelement, den Kohlestab aus einer runden Taschenlampenbatterie, eine Zigarrenkiste, eine Trokkenbatterie, Draht und einen alten Telefonhörer oder ein Paar Kopfhörer. Von dem dicken Kohlestab eines Trockenelements sägen wir zwei Stücke von etwa 2,5 cm Länge ab und bohren ein

kleines Loch in ein Ende eines jeden Stückes. Den Kohlestab aus der Taschenlampenbatterie spitzen wir mit Sandpapier an beiden Enden an. Mit Draht befestigen wir die beiden angebohrten Kohlestücke auf dem Boden der Zigarrenkiste, wie die Abbildung zeigt. Dabei wird der angespitzte Kohlestab zwischen den beiden angebohrten Stücken eingepaßt. An jedem der angebohrten Kohlestücke befestigen wir einen langen Draht. Einen davon verbinden wir mit einem Pol der Batterie. Den anderen Draht führen wir in ein anderes Zimmer, wo wir ihn mit dem

SO WIRD EIN EINFACHES TELEFON GEBAUT

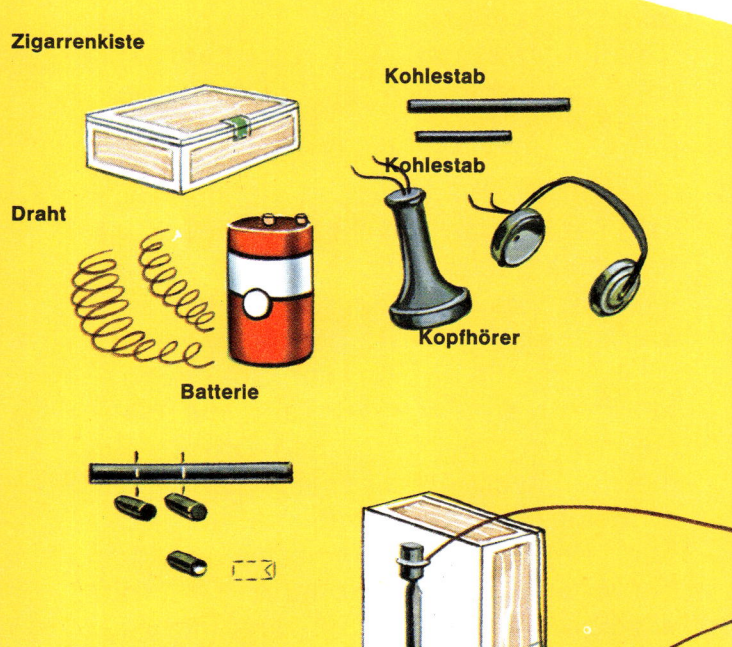

Zigarrenkiste

Kohlestab

Kohlestab

Draht

Batterie

Kopfhörer

Kohlestab von Taschenlampen-Batterie

Telefon- oder Kopfhörer verbinden. Mit einem dritten Draht verbinden wir den anderen Pol der Batterie mit dem Hörer. Damit ist unser Telefon fertig. Wenn jemand in die offene Zigarrenkiste spricht, wird der Kistenboden durch die Schallwellen in Schwingungen versetzt, die auf den zugespitzten Kohlestab übertragen werden. Dadurch schwankt die Stromstärke, und die verschieden starken Stromstöße verursachen im Empfänger, dem Telefonhörer, die gleichen Schallwellen, wie sie beim Hineinsprechen in die Zigarrenkiste entstanden.

Den ersten „Lautsprecher" gab es vor mehr als 2000 Jahren im alten The-

| Lautsprecher |

ben. Als eines der größten Wunder galt dort das Standbild einer Göttin, die mit übermenschlicher Stimme Fragen beantwortete und die Zukunft deutete. Im Innern des Standbildes war ein feinmaschiges Netz aus Silberdraht angebracht und hinter dem Mund der Göttin eine Membrane aus den Magenhäuten junger Kälber. Ein Priester, der im Innern versteckt saß, sprach die Antworten auf das Drahtnetz; die Schallwellen bewegten die Membrane und ertönten mit solcher Stärke vor den Ohren der Gläubigen, daß die Laute kaum noch Ähnlichkeit mit einer menschlichen Stimme hatten. Für die damalige Zeit war das eine technische Höchstleistung — aber das wußten nur die Eingeweihten.
Seit Urzeiten haben die Menschen versucht, ihre Stimme, wenn es nötig war, zu verstärken und möglichst weite Entfernungen überbrücken zu lassen. Sie haben ihre Hände an den Mund gehalten und sie zu Schalltrichtern geformt; heute noch wird auf Sportplätzen das Megafon benutzt, ein einfacher Schalltrichter aus Blech, scherzhaft

auch „Flüstertüte" genannt. Man kann so die Luftschwingungen, die von der Stimme verursacht werden, in bestimmte Richtungen lenken. Damit ist aber auch die äußerste Möglichkeit erreicht, ohne technische Hilfsmitttel die Stimme zu verstärken.

Als im Maschinenzeitalter viele Menschen in die Städte strömten und neue, parlamentarische Regierungsformen die Menschen zum Mitdenken und zur Mitsprache führten, wurde die natürliche Schwäche der menschlichen Stimme besonders empfunden. In großen Versammlungen drang die Stimme eines Sprechers oft nicht mehr durch. Da half die Technik, und sie nutzte den Elektromagnetismus. Der erste Lautsprecher war eigentlich nur ein fortentwickeltes Telefon. Der **dynamische** Lautsprecher, der heute verwendet wird, hat einen Dauermagneten mit einem ringförmigen Spalt, in dem eine Spule schwingt. Durch die Schwingspule werden die wechselnden Stromstöße auf eine Papiermembrane übertragen. Ein Lautsprecher kann aber allein noch nicht die Töne verstärken. Dazu müssen Verstärker eingebaut werden. Gleich hinter dem Mikrofon ist ein Vorverstärker, der die niedrige Spannung erhöht. Vor dem Lautsprecher befindet sich ein Leistungsverstärker.

Die Arbeit der Verstärker können wir uns verständlich machen, wenn wir uns den elektrischen Strom als Wasser vorstellen: Das Mikrofon wäre der Hahn, der nur einen sehr dünnen, schwachen Wasserstrahl abgibt; der Spannungs- oder Vorverstärker vermehrt die Wassermenge, aber nicht den Druck; der Leistungsverstärker sorgt dafür, daß Druck hinter dem Wasserstrahl sitzt. Die elektrischen Stromschwingungen bewegen nun mit größerer Kraft die Membrane — der Ton ist verstärkt.

**Magnete im
Radio und
im Fernsehen**

Wir haben gelernt, daß elektrischer Strom, der durch einen Draht fließt, ein Magnetfeld erzeugt. Wenn die Stromstärke sich ändert, so ändert sich auch die Stärke des Magnetfeldes. Mit den geeigneten elektronischen Apparaten lassen sich die Veränderungen des Magnetfeldes ausstrahlen; so geschieht es beim Radio und Fernsehen. Diese ausgestrahlten Veränderungen des Magnetfeldes werden elektromagnetische Wellen genannt. Die elektronische Ausrüstung in Radio- und Fernsehapparaten macht es möglich, elektromagnetische Wellen, die vom Sendeort ausgestrahlt werden, über große Entfernungen zu empfangen. Wir wollen sehen, wie das geschieht.

Ein Mikrofon in einem Sendestudio ist dem Sender in einem Telefon sehr ähnlich. Schallwellen treffen auf das Mikrofon und verursachen darin wechselnde elektrische Impulse. Diese Impulse oder Stromstöße erzeugen ein magnetisches Feld von wechselnder Stärke, und diese Veränderungen werden als elektromagnetische Wellen, die man Radiowellen nennt, ausgestrahlt. Wenn die Radiowellen einen Radioapparat erreichen, wandelt die elektronische Einrichtung des Apparates sie um in elektrischen Strom von wechselnder Stärke. Diese Stromstöße verändern wieder die Anziehungskraft eines Elektromagneten, der eine Schallmembrane bewegt. Die Bewegungen der Membrane erzeugen in der sie umgebenden Luft Schallwellen, wie es im Telefonhörer geschieht. Der Radioapparat empfängt also Serien elektronischer Wellen, die als Töne im Sendestudio ihren Ausgang nahmen und im Gerät durch einen Elektromagneten wieder in Töne umgewandelt werden.

Das Fernsehbild beruht ebenfalls auf der Wirkung von Magneten. Wenn eine Fernsehkamera eine Aufnahme macht, gelangt das Licht vom fotografierten Gegenstand durch die Kameralinsen auf einen Leuchtschirm, der sich in einer großen Glasröhre befindet. In der Glasröhre ist auch eine Elektronenquelle vorhanden, die einen beweglichen Elektronenstrahl auf den Leuchtschirm schießt. Der Strahl bewegt sich über den Leuchtschirm hin und her und von oben nach unten, 30mal in der Sekunde. Dieser Vorgang wird Rastern genannt. Der Weg des Elektronenstrahls über den Leuchtschirm wird durch Elektromagnete gesteuert. Der Elektronenstrahl wird durch die hellen und dunklen Bildpunkte auf dem Leuchtschirm, den er abtastet, verschieden stark beeinflußt. Diese unterschiedliche Stärke des Elektronenstrahls wird in entsprechende elektromagnetische Wellen umgewandelt und dann ausgestrahlt.

Der Fernsehapparat (das Empfangsgerät) enthält eine große Elektronenröhre, die jener in der Fernsehkamera ähnlich ist. Die Elektronenröhre hat ebenfalls magnetisch gesteuerte Elektronenquellen, die den Leuchtschirm in der Röhre durch zwei Elektronenstrahlen abtasten. Jeder Strahl bestreicht 625 einzelne waagerechte Linien 25mal in der Sekunde. (Gewiß hat jeder schon einmal helle und dunkle Linien auf dem Fernsehempfänger gesehen.) Der Leuchtschirm befindet sich an der Vorderseite der Elektronenröhre und besteht aus chemischen Stoffen, die mehr oder weniger hell aufleuchten, wenn sie von dem verschieden starken Elektronenstrahl getroffen werden. Diese wechselnde Helligkeit entspricht der unterschiedlichen Lichtmenge, die von den fotografierten Gegenständen in die Fernsehkamera gelangt sind. So gibt das Bild auf dem Leuchtschirm unserer Fernsehapparate das wieder, was die Fernsehkamera aufnimmt.

Magnetismus – Arbeitsfeld der Zukunft

Wir haben nun viel über den Magnetismus gelernt. Aber weder wir noch die besten Wissenschaftler der Welt können den Magnetismus erklären. Noch niemand hat die Natur des Magnetismus ergründet. Es bleibt eine spannende wissenschaftliche Aufgabe, die Beobachtungen über den Magnetismus mit anderen naturwissenschaftlichen Kenntnissen in Beziehung zu bringen, eine Erklärung zu finden, warum der Magnetismus eine Kraft ausübt, warum er in allen Teilen des Universums zu wirken scheint. Vieles, was mit dem Magnetismus zusammenhängt, bleibt noch zu entdecken. Wir wissen zum Beispiel, daß die Gewinnung von Elektrizität aus Atomenergie noch nicht weit verbreitet ist. Die Anlagen, die Atomenergie erzeugen, heißen Atomreaktoren. Sie benötigen teuren Brennstoff, der aus dem seltenen Element Uran gewonnen wird. Es könnte aber einen besseren und billigeren Weg geben, Atomenergie zu gewinnen: durch Bändigung der riesigen Kräfte der Wasserstoffbombe. Dazu brauchen die Wissenschaftler ein sehr dünnes, sehr heißes Gas mit Temperaturen von vielen Millionen Grad. Dies Gas wird Plasma genannt. Es gibt keinen Stoff, der die Hitze des Plasmas aushalten und festhalten kann. Die Atomphysiker versuchen jedoch, es in einer „magnetischen Flasche" – das ist ein flaschenförmiges Magnetfeld – zu halten. Das ist ungeheuer schwierig. Bisher konnten magnetische Flaschen das Plasma nur für einige Tausendstel einer Sekunde festhalten. Vielleicht wird es einmal gelingen, den Magnetismus so zu verwenden, daß er das Plasma halten kann. Wer das schafft, wird der Menschheit einen großen Dienst erweisen. Es wäre dann möglich, aus Atomenergie Elektrizität für die Menschen in allen Teilen der Welt zu gewinnen. Man könnte in den kalten Zonen genügend Wärme haben, in den heißen Zonen genug Kühlung, man könnte Meerwasser in Süßwasser verwandeln und damit Wüsten bewässern, man könnte unvorstellbar viel Gutes und Nützliches damit anstellen.

Bisher können „Magnetische Flaschen" das Plasma nur wenige Tausendstel einer Sekunde halten.

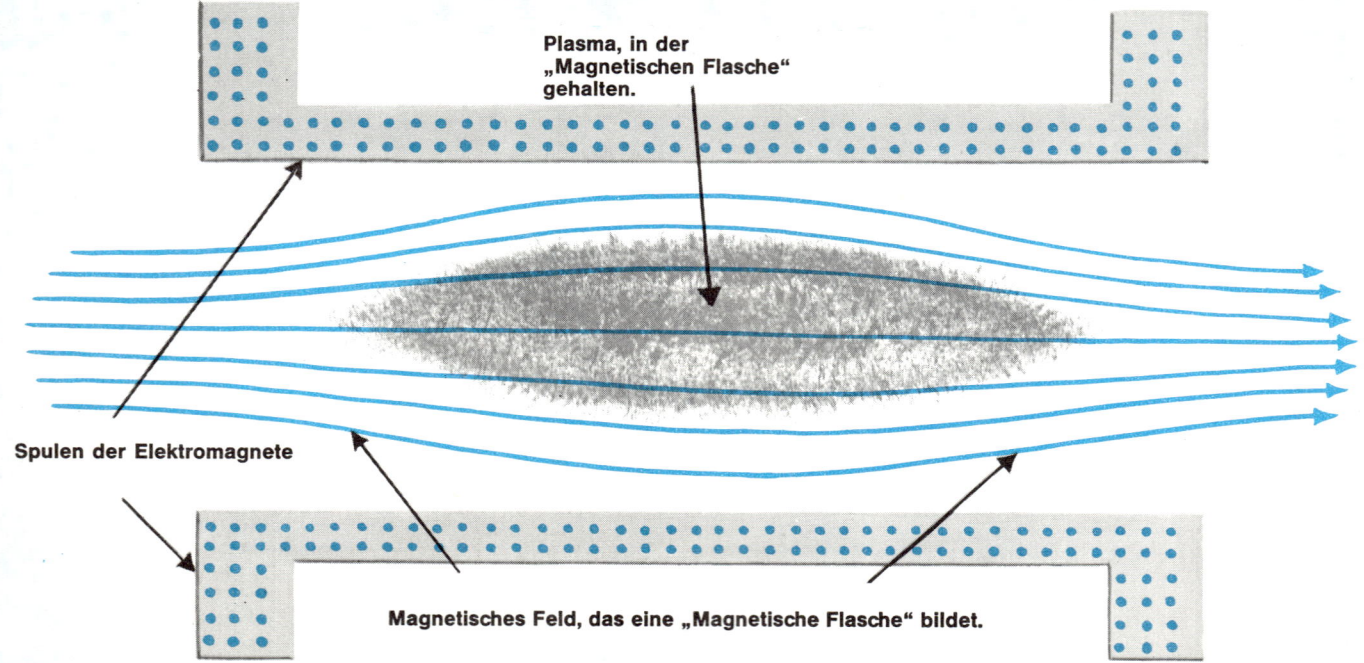

Plasma, in der „Magnetischen Flasche" gehalten.

Spulen der Elektromagnete

Magnetisches Feld, das eine „Magnetische Flasche" bildet.